"十四五"普通高等学校计算机类专业规划教材

网络安全

主　编　刘　艳　王贝贝
副主编　王国政　李颖辉

中国铁道出版社有限公司
CHINA RAILWAY PUBLISHING HOUSE CO., LTD.

内 容 简 介

本书涵盖物联网安全概述、信息安全概述、物联网安全技术、密码技术、认证技术、访问控制与网络隔离技术、入侵检测技术、基于物联网的汽车防盗系统设计等多方面的内容，不仅能够为初学信息安全技术的学生提供全面、实用的技术和理论基础知识，而且能有效培养学生信息安全的防御能力。

本书的编写融入了作者丰富的教学和企业实践经验，内容实用，结构清晰，图文并茂，通俗易懂，使读者带着兴趣学习信息安全技术。每单元开始都列出了学习目标，首先让学生了解通过本单元学习能解决什么实际问题，做到有的放矢，激发学生的学习热情，使学生更有目标地学习相关理论和技术。此外，每单元还配有习题和实训，可帮助学生巩固理论知识，提升学生从事信息安全工作的相关技能。

本书适合作为高等学校计算机或电子信息类专业教材，也可供培养技能型紧缺人才的相关院校及培训班使用。

图书在版编目（CIP）数据

网络安全/刘艳，王贝贝主编. —北京：中国铁道出版社
有限公司，2022.5
"十四五"普通高等学校计算机类专业规划教材
ISBN 978-7-113-27671-3

Ⅰ.①网… Ⅱ.①刘… ②王… Ⅲ.①计算机网络-网络
安全-高等学校-教材 Ⅳ.①TP393.08

中国版本图书馆 CIP 数据核字（2021）第 036913 号

书　名：**网络安全**

作　者：刘　艳　王贝贝

策　　划：何红艳　　　　　　　　　编辑部电话：（010）63560043

责任编辑：何红艳　包　宁　李学敏

封面设计：付　巍

封面制作：刘　颖

责任校对：焦桂荣

责任印制：樊启鹏

出版发行：中国铁道出版社有限公司（100054，北京市西城区右安门西街 8 号）

网　　址：http://www.tdpress.com/51eds/

印　　刷：三河市宏盛印务有限公司

版　　次：2022 年 5 月第 1 版　2022 年 5 月第 1 次印刷

开　　本：787 mm×1 092 mm 1/16　印张：9.75　字数：255 千

书　　号：ISBN 978-7-113-27671-3

定　　价：29.00 元

随着全球信息化技术的快速发展，在信息技术的广泛应用中，安全问题正面临着前所未有的挑战，物联网安全日渐成为国家重点关注的研究领域，成为关系国计民生的一个重要应用学科。

本书针对物联网安全相关知识进行全面系统的介绍。随着信息网络技术的快速发展，物联网安全技术也不断丰富和完善。本书尽可能涵盖物联网安全的主要内容，同时增加实践内容，介绍物联网安全相关技术及其应用。

本书涵盖物联网安全概论、物联网的体系架构、密码技术、认证机制、访问控制、入侵检测技术、基于物联网的汽车防盗系统设计等多方面的内容。不仅能够为初学物联网安全的读者提供全面、实用的技术和理论基础，而且能有效培养读者从事物联网安全工作的相关技能。

本书融入了编者丰富的教学和企业实践经验，内容实用，结构清晰，图文并茂，通俗易懂，力求使读者在兴趣中学习物联网安全。本书内容翔实、讲解透彻，具有如下特色。

（1）每单元开始都列出学习目标。每单元的第一节介绍基本概念、重难点知识，在此基础上对物联网安全进行深入浅出的介绍。

（2）内容简洁、思路清晰，尽可能采用插图、表格及截图的方式进行说明。

（3）每单元都有习题，帮助读者复习本单元的主要内容，掌握基本概念和基本原理。

（4）书中有实训案例，通过上机操作切实提高读者的动手实践能力，为技能训练提供了基础。

本书由郑州工程技术学院的刘艳、王贝贝任主编并负责统稿，郑州工程技术学院的王国政、李颖辉任副主编。参与编写的还有郑州工程技术学院信息工程学院的金鑫鑫同学和吴雅轩同学。具体编写分工为：刘艳负责编写单元 1、4，王贝贝负责编写单元 2、3，王国政负责编写单元 5、7，金鑫鑫负责编写单元 6，吴雅轩负责编写单元 8。

由于编者水平有限、时间仓促，本书难免存在不妥及疏漏之处，欢迎读者批评指正。

编　者
2021 年 5 月

目　录

单元 ①
物联网安全概述

本单元主要介绍物联网的概念及起源，物联网的特征，物联网与互联网的关系，物联网的应用前景等。

通过本单元的学习，使读者：

（1）了解物联网的概念和发展历史；

（2）掌握物联网的特征；

（3）了解物联网与互联网的关系；

（4）认识物联网的应用前景。

在信息化飞速发展的今天，现代通信技术迅速发展和普及，互联网进入千家万户，计算机信息的应用与共享日益广泛和深入，信息技术已经成为一个国家的政治、军事、经济和文化等发展的决定性因素。随着"工业化与信息化融合""智慧地球""传感器中国"等理念的提出，物联网作为战略性新兴信息产业的重要领域，掀起了第三次信息技术浪潮。

物联网是一个多学科交叉的综合应用领域，物体通过射频识别、传感器等信息感知设备与网络连接起来，进行信息交换和通信，实现智能化识别、定位、跟踪、监控和管理。不断发展的物联网技术快速地改变着人们生活、生产方式的同时，越来越多的物联网安全问题暴露出来，物联网的安全问题已成为急待解决、影响国家大局和长远利益的重大关键问题。近几年来，物联网技术越来越受到人们的广泛关注。

1.1 物 联 网

1.1.1 物联网的概念

随着信息技术的发展，一个新的概念也逐渐进入人们的视野——物联网。物联网（Internet of Things，IoT）是继计算机、互联网与移动通信网之后的又一次信息产业浪潮。物联网对促进互联网的发展、带动人类的进步发挥着重要的作用。目前，美国、欧盟等发达国家和地区都在深入研究和探索物联网，我国也正在高度关注这一新技术。物联网产业被正式列为国家重点发展的五大战略性新兴产业之一。近年来，越来越多的国家和地区开始了基于物联网的发展计划和行动。物联网已经开始在军事、工业、农业、环境监测、建筑、医疗、空间和海洋探索等领域得到应用。

早在 1999 年，物联网的概念就已被提出，就是通过射频识别（RFID）、红外感应器、全球定位系统、激光扫描器等信息传感设备，按规定的协议，把任何物品与互联网连接起来，进行信息交换和通信，以实现智能化识别、定位、跟踪、监控和管理的一种网络。可简单地理解为，在互联网的基础上，将用户端延伸扩展到物品与物品之间，而不仅仅是人与人之间。物联网还涉及互联网、电信网、广播电视网、智能交通网和智能电网等多种网络。无论是视频的采集、管理，还是应用，都需要不断创新来突破障碍，把物联网从普通的传感和传输上升到智能化层面。没有智能化，物联网就没有价值，很难顺利发展下去。事实上，物联网技术在我国的应用目前多集中在商品条形码、RFID 等领域，即通过射频识别技术感应物体上植入的芯片获知其具体信息。在此基础上人类可以用更加精细和动态的方式管理生产和生活，从而实现智能化，提高资源利用率和生产力水平，更好地改善人与自然间的关系，促进和谐并更快地推动人类文明的进步。

物联网作为新生事物，人们对其内涵和外延的理解有很大差别，物联网是新一代信息技术的重要组成部分，也是"信息化"时代的重要发展阶段，顾名思义，物联网就是物物相连的互联网。这有两层意思：

其一，物联网的核心和基础仍然是互联网，是在互联网基础上延伸和扩展的网络。

其二，其用户端延伸和扩展到了任何物品与物品之间，进行信息交换和通信。物联网通过智能感知、识别技术与普适计算等通信感知技术，广泛应用于网络的融合中，也因此被称为继计算机、互联网之后世界信息产业发展的第三次浪潮。物联网是互联网的应用拓展，与其说物联网是网络，不如说物联网是业务和应用。因此，应用创新是物联网发展的核心，以用户体验为核心的创新 2.0 是物联网发展的灵魂。

物联网定义：利用局部网络或互联网等通信技术把传感器、控制器、机器、人员和物等通过新的方式连接在一起，形成人与物、物与物相连，实现信息化、远程管理控制和智能化的网络。物联网是互联网的延伸，它包括互联网及互联网上所有的资源，兼容互联网所有的应用，但物联网中所有元素（如设备、资源及通信等）都是个性化和私有化的。

1.1.2 物联网的发展历史

物联网的概念最早出现于比尔·盖茨创作于 1995 年的《未来之路》一书，在《未来之路》中，比尔·盖茨已经提及物联网的概念，只是当时受限于无线网络、硬件及传感设备的发展，并未引起世人的重视。

1999 年，在美国召开的移动计算和网络国际会议提出了"传感网是 21 世纪人类面临的又一个发展机遇"，会议上提出了物联网的概念。当时基于互联网、RFID 技术、EPC 标准，在计算机互联网的基础上，利用射频识别技术、无线数据通信技术等，构造一个实现全球物品信息实时共享的实物互联网（简称物联网）。

2003 年，美国《技术评论》提出传感网络技术将是未来改变人们生活的十大技术之首。

2005 年，在突尼斯举行的信息社会世界峰会（WSIS）上，国际电信联盟发布了《ITU 互联网报告 2005：物联网》，正式提出了"物联网"的概念。物联网的定义和范围已经发生了变化，覆盖范围有了较大拓展，不再只指基于 RFID 技术的物联网。

2008 年后，为了促进科技发展，寻找经济新的增长点，各国政府开始重视下一代技术规划，将目光放在了物联网上。同年 11 月，在北京大学举行的第二届中国移动政务研讨会"知识社会与创新 2.0"提出，移动技术、物联网技术的发展代表着新一代信息技术的形成，并带动了经济社会形态、创新形态的变革，推动了面向知识社会的以用户体验为核心的下一代创新（创新 2.0）形态的形成，创新与发展更加关注用户、注重以人为本，而创新 2.0 形态的形成又进一步推动新一代信息技术的健康发展。

2009 年 1 月 28 日，奥巴马就任美国总统后，与美国工商业领袖举行了一次"圆桌会议"，作为仅有的两名代表之一，时任 IBM 首席执行官彭明盛首次提出"智慧地球"概念，建议政府投资新一代的智慧型基础设施。当年，美国将新能源和物联网列为振兴经济的两大重点。

2009 年 2 月 24 日，IBM 论坛上，公布了名为"智慧地球"的最新策略，在世界范围内引起轰动。IBM 认为，IT 产业下一阶段的任务是把新一代 IT 技术充分运用在各行各业中，具体来说，就是把传感器嵌入和装备到电网、铁路、桥梁、隧道、公路、建筑、供水系统、大坝、油气管道等各种物体中，并且被普遍连接，形成物联网。

2009 年 8 月，温家宝在视察中科院无锡物联网产业研究所时，提出"感知中国"概念，物联网被正式列为国家五大新兴战略性产业之一，写入《政府工作报告》，物联网在中国受到了全社会极大的关注。

2010 年 6 月 22 日，在上海开幕的中国国际物联网大会指出：物联网将成为全球信息通信行业的万亿元级新兴产业。

2012 年 2 月 14 日，我国的第一个物联网五年规划——《物联网"十二五"发展规划》由工业和信息化部颁布。物联网被"十二五"规划列为七大战略新兴产业之一，是引领中国经济华丽转身的主要力量。

如今在我们身边，已经能够找到许多物联网设备，如车联网，不仅可以让车主随时定位自己的车辆，更可以在停车时主动找寻空余车位，协助停车。又如，家庭中的智能家居，在还未下班之时，便可远程控制开启自己家空调，甚至可以通过设定程序，根据植被的实际情况进行浇灌。人们已经慢慢习惯了物联网带来的便利，这些技术如同春风化雨般渗透人们的生活之中，大到国家战略，小到个人吃喝用度，物联网的存在显然已经颠覆了许多现实规则。而在未来，物联网与人们的联系将更加紧密，人们也将进入一个全新的万物互联的世界。

1.2 物联网的特征

从通信对象和过程来看，物联网的核心是物与物以及人与物之间的信息交互，实现了任何时间、任何地点及任何物体的连接，可以帮助实现人类社会与物理世界的有机结合，使人类以更加精细和动态的方式管理生产和生活，从而提高整个社会的信息化能力。物联网的基本特征可概括为全面感知、可靠传输和智能处理。

① 全面感知：利用射频识别、二维码、传感器等感知、捕获、测量技术随时随地对物体进行信息采集和获取。

② 可靠传输：物联网通过前端感知层收集各类信息，还需要通过可靠的传输网络将感知的各种信息进行实时传输。

● 信息可靠传输，全面及时而不失真。

- 信息双向传递。
- 信息传输安全，具有防干扰及防病毒能力，防攻击能力强，具有高度可靠的防火墙功能。

③ 智能处理：利用各种智能计算技术，对海量的感知数据和信息进行分析并处理，实现智能化的决策和控制。为了更清晰地描述物联网的关键环节，按照信息科学的观点，围绕信息的流动过程，抽象出物联网的信息功能模型。

- 信息获取功能：包括信息的感知和信息的识别，信息感知是指对事物状态及其变化方式的感觉和知觉；信息识别是指能把所感受到的事物运动状态及其变化方式表示出来。
- 信息传输功能：包括信息发送、传输和接收等环节，最终完成把事物状态及其变化方式从空间（或时间）上的一点传送到另一点的任务，这就是一般意义上的通信过程。
- 信息处理功能：指对信息的加工过程，其目的是获取知识，实现对事物的认知以及利用已有的信息产生新的信息，即制订决策的过程。
- 信息施效功能：指信息最终发挥效用的过程，具有很多不同的表现形式，其中最重要的就是通过调节对象事物的状态及其变换方式，使对象处于预期的运动状态。

1.3　物联网与互联网

1.3.1　互联网的概念

究竟什么是互联网？简单地说，互联网是一个由各种不同类型和规模独立运行和管理的计算机网络组成的世界范围的巨大计算机网络——全球性计算机网络。

互联网指全球性的信息系统。从技术的角度来定义，互联网是全球的，互联网上的每台主机都需要地址，这些主机必须按照共同的规则协议连接在一起。从功能的角度来定义，互联网的出现是人类通信技术的一次革命，只用计算机网络来描述互联网是不恰当的。互联网的精华是它能够为人们提供有价值的信息和令人满意的服务，互联网是一个世界规模的巨大的信息和服务资源，计算机和计算机网络的根本作用是为人们的交流服务，而不单纯是用来计算，相反，网络把使用计算机的人连接起来。

互联网的优势在于：

① 传播范围广。互联网分布在世界上任何可以上网的地方，相比传统的电视、报纸、广告，它打破了传统媒体的区域限制，可以让信息到达世界上每个能上网的角落。

② 保留时间长。

③ 交互性。互联网可以第一时间得到客户的反馈，以及第一时间和客户取得沟通和交流，现在人们都使用聊天工具，有问题可以马上进行交流。

④ 针对性强。互联网可以根据不同地区、不同层次、不同习惯的浏览者来设置不同的宣传方式。

⑤ 受众数量可准确统计。互联网可以准确统计网站每天、每星期的受众情况，比如群体通过什么途径浏览信息、喜欢看哪些内容、浏览了多长时间等。

⑥ 实时、灵活、成本低。

⑦ 强烈的感官性。互联网可以根据不同的消费群体设计图文声并茂的动画广告，对浏览者产生强烈的感官刺激。

1.3.2 物联网与互联网的异同

物联网即"物物相连的网络"。"物联网"是在"互联网"的基础上，将其用户端延伸和扩展到任何物品与物品之间并进行信息交换和通信的一种网络概念。物联网应用系统是运行在互联网核心交换结构的基础上的。在智能交通、物流、公共安全、设备检测等领域应用比较广泛，可以使未来的世界变得更智能。

物联网和互联网的共同点是：技术基础是相同的，即它们都是建立在分组数据技术的基础之上，它们都采用数据分组网作为自己的承载网；承载网和业务网是相分离的，业务网可以独立于承载网进行设计和独立发展，互联网是如此，物联网同样也是如此。

互联网与物联网的区别表现在以下几个方面：

① 互联网着重信息的互联互通和共享，解决的是人与人的信息沟通问题；物联网则是通过人与人、人与物、物与物的相连，解决信息化的智能管理和决策控制问题。物联网比互联网技术更复杂、产业辐射面更宽、应用范围更广，对经济社会发展的带动力和影响力更大。

② 互联网与物联网在系统终端接入方式上不同，互联网用户通过终端系统的服务器、台式机、笔记本计算机和移动终端访问互联网资源、发送或接收电子邮件、阅读新闻、写博客或读博客，通过网络电话通信，买卖股票，订机票、酒店。而物联网中的传感器节点需要通过无线传感器网络的汇聚节点接入互联网；RFID 芯片通过读写器控制与主机连接，再通过控制节点的主机接入互联网。因此，由于互联网与物联网的应用系统不同，所以接入方式也不同。物联网应用系统将根据需要选择无线传感器网络或 RFID 应用系统接入互联网。

③ 从互联网所能够提供的服务功能来看，无论是基本的互联网服务功能(如 Telnet、E-mail、FTP、Web 与基于 Web 的电子政务、电子商务、远程医疗、远程教育)，还是基于对等结构的 P2P 网络新应用 (如网络电话、网络电视、博客、播客、即时通信、搜索引擎、网络视频、网络游戏、网络广告、网络出版、网络存储与分布式计算服务等)，它主要是实行人与人之间的信息交互与共享，因此在互联网端节点之间传输的文本文件、语音文件、视频文件都是由人输入的，即使是通过扫描和文字识别 OCR 技术输入的文字或图形、图像文件，也都是在人的控制之下完成的。而物联网的终端系统采用的是传感器、RFID，因此，物联网感知的数据是传感器主动感知或者是 RFID 读写器自动读出的。由此可见，在网络端系统数据采集方式上，互联网与物联网是有区别的。

④ 在技术现状上，物联网涉及的技术种类包括无线技术、互联网、智能芯片技术、软件技术，几乎涵盖了信息通信技术的所有领域。物联网目前更多的是依赖"无线网络"技术，各种短距离和长距离的无线通信技术是采用智能计算技术对信息进行分析处理，从而提升对物质世界的感知能力，实现智能化的决策和控制。

⑤ 物联网和互联网发展有一个最本质的不同点，就是两者发展的驱动力不同。互联网发展的驱动力是个人，因为互联网的开放性和人人参与的理念，互联网的生产者和消费者在很大程度上是重叠的，极大地激发了以个人为核心的创造力。而物联网的驱动力必须来自企业，因为物联网的应用都是针对实物的，而且涉及的技术种类比较多，在把握用户的需求以及实现应用的多样性方面有一定的难度。物联网的实现首先需要改变的是企业的生产管理模式、物流管理模式、产品追溯机制和整体工作效率。实现物联网的过程，其实是一个企业真正利用现代科

学技术进行自我突破与创新的过程。

物联网的发展推动了工业化和信息化的结合。从某种意义上来说，互联网是物联网灵感的来源；反之，物联网的发展又进一步推动互联网向一种更为广泛的"互联"演进，这样一来，人们不仅可以和物体"对话"，物体和物体之间也能"交流"。互联网的应用是虚拟的，而物联网的应用是针对实物的，包括安全体系的建立、应用的开发等。

对我国而言，物联网发展还具有特别的战略意义。互联网诞生于美国，多年来，美国一直引领着互联网的发展。而面对着新兴的物联网，我国与其他国家都处于同一起跑线上，这无疑为我国摆脱发达国家在网络技术上的垄断提供了一次良机。事实上，我国的科研机构早在1999年就提出了"感应网络"的概念，比国外提出"物联网"概念早了五六年，现在我国在某些感应技术方面也处于世界领先水平。因此，在未来的物联网应用中，我国完全有可能，也有潜力站在世界之巅。

1.4 物联网的应用前景

物联网把新一代信息技术（Information Technology，IT）充分运用在各行各业之中，通过射频识别、红外感应器、全球定位系统、激光扫描器等信息传感设备，按约定的协议，把任何物品与互联网连接，进行信息交换和通信，以实现对物品的智能化识别、定位、跟踪、监控和管理。其用途广泛，遍及智能交通、智能物流、智能电网、智能环境监测与保护、公共安全、智能家居、智能消防、工业监测、智能护理与保健等领域。

1.4.1 物联网对经济的影响

物联网技术与社会连接在一起的结构将产生一种新的技术经济结构，对社会、经济产生巨大的影响。因此，将形成新的经济形态，表现出巨大的市场前景。物联网本身就是一个很大的产业，它既能够推动计算机产业的发展，又能推动通信产业的发展。

物联网是生产社会化、智能发展的必然产物，是现代信息网络技术与传统商品市场有机结合的一种创造。这种创造不仅可以极大地促进社会生产力发展，而且能够改变社会生活方式。我们可以充分利用物联网这一手段进行产业创新和提高商品竞争力，大大提高效率。例如，可以远程控制商品，随时随地查看和控制商品，可使得物流变得简单无比等。物联网产业可以不断地进行增加，所以基础产业的发展又会推动像农业、医疗、公共卫生、制造、交通运输等产业的发展，这就是战略性新兴产业的重要特点，高新技术引领对经济有全面的带动作用。简而言之，未来的经济会因为物联网的出现而大大改变。

1.4.2 物联网对信息产业发展的影响

从20世纪70年代互联网诞生至今，信息产业经历了从互联网普及带来的"PC互联"到以智能手机为节点的"人人互联"（P2P）。而伴随互联网发展数字化和IP化的深入发展，目前正在进入物联网时代。在物联网时代，线上线下不断彼此接近、相互融合，形成"万物互联"的世界。

如果把计算机的出现使信息处理获得了质的飞跃，视作信息技术第一次产业化浪潮，互联网和移动网的发展使信息传输获得了巨大提升，视作第二次产业化浪潮。那么，以物联网为代表的信息获取技术的突破，将掀起第三次产业化浪潮。物联网实现了由人操控的物与物的联系，相当于把现实世界和虚拟世界用信息联系。这种新的概念的提出，必定会让人有新的想法和新的对事物的看法。这也会促进信息产业的创新，使信息产业得到迅猛发展。

1.4.3 物联网对安防行业的影响

从物联网概念兴起之时起，安防就已经萌芽并茁壮成长。近年来，物联网安防应用市场规模逐年攀升，安防行业作为信息技术产业的重要组成部分，其发展备受关注。目前，现代安防和物联网在业务和技术上的融合正发生着剧烈的变化，更加智能化、一体化的安防系统使安防行业的核心价值日益彰显。

当前的安防强调的是业务的安防，所有信息、所有数据的最终目的都是为业务提供服务，无论是视频监控、道路执法，还是门禁报警、IP 对讲，都需要与业务结合起来才有实质意义，否则，海量的数据只能是以数字 1 和 0 的形式不断消耗着用户的人力和物力。安防系统的发展方向也正是按照物联网的方向稳步前进的，而物联网的最终目标，必然是所有在系统上的人、事、物，都要为最终用户的业务服务，从而创造出实实在在的社会价值。安防集成系统在不断发展，物联网的要求在不断提高，可以说，抓住物联网的核心需求点，是安防集成系统与平台发展的根本与目标。

1.4.4 物联网对城市管理的影响

随着我国经济高速发展，城市建设不断加快，人们在享受城市所带来方便的同时，城市发展中各种矛盾也越来越凸显。城市人口规模增长过快、城市供配电压力沉重、环境污染与生态破坏严重、交通拥堵治理困难、安全生产形势严峻、城市管理中的违法违规现象屡禁不止等，这些都成为城市发展中最为突出的矛盾，成为城市管理中必须重视的问题。如何有效利用信息技术，以全新的管理理念和管理模式提升城市管理水平，践行科学发展观，引导推动我国进入信息社会成为城市管理者面临的重大课题。

在信息化技术的使用背景下，物联网技术能够有效解决城市发展中遇到的问题，在物联网开放应用环境的支撑下，有针对性地开展行业应用的建设和运营，增加信息资源的共享，有效地提高城市管理效率。会呼吸的网络、最强天线、智慧垃圾桶……一批神奇的"黑科技"化身实际应用，为首届进口博览会的安全顺畅运行保驾护航。国家会展中心所在的虹桥商务区被确立为上海第五个"新型城域物联专网示范区"。虹桥商务区与北讯电信（上海）有限公司合作启动新型城域物联专网智慧信息平台，运用新一代无线通信技术、物联网、人工智能、大数据等先进技术，为市容市貌整治提供专网保障和数据支撑。"物联网"技术的发展为政府城市运行管理工作的信息处理提供了有效途径。通过建设基于物联网的城市运行监测平台，实现自动和人工相结合的新型监管模式，可以有效提高政府保障公共安全和处理突发事件的能力，最大限度地预防和减少损害，保障公众的生命财产安全，维护国家安全和社会稳定，促进社会经济全面、协调、可持续发展。

电子车牌作为物联网在智能交通中的应用，是一种新兴无线射频自动识别技术，具有高速识别、防拆、防磁、加密、存储等特点，公安交通管理部门应用该技术，能精确、全面地获取交通信息，规范车辆使用和驾驶行为，抑制车辆乱占道、乱变道、超速等违法违规行为，并能有效打击肇事逃逸、克隆、涉案等违法车辆。

物联网是城市发展通向智能化的桥梁，建立城市智能化管理将是城市信息化的终极目标和战略方向，以此作为城市发展瓶颈的突破口，将带来未来城市的全新面貌，推进城市和谐发展。

1.4.5　物联网对日常生活的影响

物联网在众多领域和垂直行业中扮演着极其重要的角色，互联网的诞生改变了人们的生活，使地球变成了一个巨大的村庄，今天物联网即将走进人们的生活，这将使地球变得更小。在物联网的基础上，人类可以更加精细和动态的方式管理生活，达到智慧生活的状态，如图 1-1 所示。

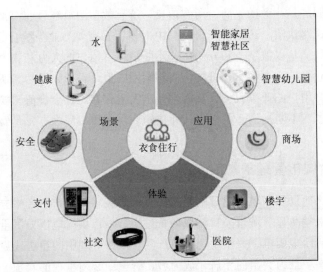

图 1-1　物联网在日常生活中的应用

智能家居产品融合自动化控制系统、计算机网络系统和网络通信技术于一体，将各种家庭设备（如音视频设备、照明系统、窗帘控制、空调控制、安防系统、数字影院系统、网络家电等）通过智能家庭网络联网实现自动化，通过快速的宽带、固话和无线网络，可以实现对家庭设备的远程操控。与普通家居相比，智能家居不仅提供舒适宜人且高品位的家庭生活空间，实现更智能的家庭安防系统；还将家居环境由原来的被动静止结构转变为具有能动智慧的工具，提供全方位的信息交互功能。

未来几年是中国物联网相关产业以及应用迅猛发展的时期。以物联网为代表的信息网络产业成为七大新兴战略性产业之一，成为推动产业升级、迈向信息社会的"发动机"。构建网络无所不在的信息社会已成为全球趋势，当前世界各国正经历由"e"社会过渡到"u"社会，即无所不在的网络社会（UNS）的阶段，构建"u"社会已上升为国家的信息化战略，例如，美国的"智慧地球"以及中国的"感知中国"。"u"战略是在已有的信息基础设施之上重点发展多样的服务与应用，是完成"e"战略后新一轮国家信息化战略。

习　题

一、选择题

1. 物联网的全球发展形势可能提前推动人类进入"智能时代"，又称（　　　）。
   A. 计算时代　　　B. 信息时代　　　C. 互联时代　　　D. 物连时代
2. 近百年来，人类社会总共经历了（　　　）次里程碑式的科技革命。
   A. 二　　　　　　B. 三　　　　　　C. 四　　　　　　D. 五
3. （　　　）被称为下一个万亿级的信息产业。
   A. 射频识别　　　B. 智能芯片　　　C. 软件服务　　　D. 物联网
4. 除了国内外形势的发展需求之外，（　　　）也推动了物联网快速发展。
   A. 金融危机蔓延　　　　　　　　　B. 其他领域发展乏力
   C. 技术逐步成熟　　　　　　　　　D. 风投资金关注
5. 首次提出物联网概念的著作是（　　　）。
   A.《未来之路》　　　　　　　　　B.《信息高速公路》
   C.《扁平世界》　　　　　　　　　D.《天生偏执狂》
6. （　　　），IBM 提出"智慧地球"概念。
   A. 2008 年 11 月　　B. 2008 年 12 月　C. 2009 年 11 月　D. 2009 年 12 月
7. 物联网的核心和基础仍然是（　　　）。
   A. RFID　　　　　B. 计算机技术　　C. 人工智能　　　D. 互联网
8. （　　　）是物联网的基础。
   A. 互联化　　　　B. 网络化　　　　C. 感知化　　　　D. 智能化
9. 物联网在国际电信联盟中写成（　　　）。
   A. Network Everything　　　　　　B. Internet of Things
   C. Internet of Everything　　　　　D. Network of Things
10. 下面是物联网应用领域的是（　　　）。
    A. 物流　　　　　B. 监控　　　　　C. 工业自动化　　D. 云计算
11. （　　　）给出的物联网概念最权威。
    A. 微软　　　　　B. IBM　　　　　C. 三星　　　　　D. 国际电信联盟
12. 第一次信息革命在（　　　）年。
    A. 1980　　　　　B. 1985　　　　　C. 1988　　　　　D. 1990
13. （　　　）年中国把物联网发展写入了政府工作报告。
    A. 2000　　　　　B. 2008　　　　　C. 2009　　　　　D. 2010

二、简答题

1. 物联网从功能上来说具备哪几个特征？
2. 物联网安全涉及的范围有哪些？
3. 简述物联网与互联网的关系。
4. 物联网对人们的生活有哪些影响？
5. 物联网这个概念是谁最先提出来的？

单元 **2**

信息安全概述

本单元主要介绍信息安全的概念及发展历史，介绍了信息安全体系的五类安全服务以及八类安全机制，指出了信息安全存在的主要威胁并提出了防御策略，最后给出了信息安全的评估标准。

通过本单元的学习，使读者：

（1）了解信息安全的概念和发展历史；

（2）理解信息安全体系的五类安全服务以及八类安全机制；

（3）了解信息安全存在的主要威胁和防御策略；

（4）理解信息安全的评估标准。

在信息化飞速发展的今天，信息作为一种资源，它的普遍性、共享性、增值性、可处理性和多效用性，使其对于人类具有特别重要的意义。随着现代通信技术的迅速发展和普及，互联网进入千家万户，计算机信息的应用与共享日益广泛和深入，信息技术已经成为一个国家的政治、军事、经济和文化等发展的决定性因素，但是信息系统或信息网络中的信息资源通常会受到各种类型的威胁、干扰和破坏，计算机信息安全问题已成为制约信息化发展的瓶颈，日渐成为人们必须面对的一个严峻问题。从大的方面说，国家的政治、经济、军事、文化等领域的信息安全受到威胁；从小的方面说，计算机信息安全问题也涉及人们的个人隐私和私有财产安全等。信息安全是任何国家、政府、部门、行业都必须十分重视的问题，是一个不容忽视的国家安全战略。因此，加强计算机信息安全研究、营造计算机信息安全氛围，既是时代发展的客观要求，也是保证国家安全和个人财产安全的必要途径。

信息是社会发展的重要战略资源。信息安全已成为亟待解决、影响国家大局和长远利益的重大关键问题，信息安全保障能力是 21 世纪综合国力、经济竞争实力和生存能力的重要组成部分，是世纪之交世界各国奋力攀登的制高点。信息安全问题如果解决不好将全方位地危及我国的政治、军事、经济、文化、社会生活的各个方面，使国家处于信息战和高度金融风险的威胁之中。

2.1 信息安全的概念

2.1.1 信息的概念

信息是对客观世界中各种事物的运动状态和变化的反映，是客观事物之间相互联系和相互作用的表征，表现的是客观事物运动状态和变化的实质内容。ISO/IEC 的 IT 安全管理指南

（GMITS，即 ISO/IEC TR 13335）对信息（Information）的解释是：信息是通过在数据上施加某些约定而赋予这些数据的特殊含义。

计算机的出现和逐步普及，使信息对整个社会的影响逐步提高到一种绝对重要的地位。信息量、信息传播的速度、信息处理的速度以及应用信息的程度等都以几何级数的方式在增长。

信息技术的发展对人们学习知识、掌握知识、运用知识提出了新的挑战。对我们每个人、每个企事业机构来说，信息是一种资产，包括计算机和网络中的数据，还包括专利、著作、文件、商业机密、管理规章等，就像其他重要的固定资产一样，信息资产具有重要的价值，因而需要进行妥善保护。

知己知彼，百战不殆，要保证信息的安全，就需要熟悉所保护的信息以及信息的存储、处理系统，熟悉信息安全所面临的威胁，以便做出正确的决策。

2.1.2 信息安全的含义

信息安全的实质就是要保护信息资源免受各种类型的危险，防止信息资源被故意的或偶然的非授权泄露、更改、破坏，或使信息被非法系统辨识、控制和否认，即保证信息的完整性、可用性、保密性和可靠性。信息安全本身包括的范围很大，从国家军事政治等机密安全，到防范商业企业机密泄露、防范青少年对不良信息的浏览、个人信息的泄露等。

信息安全包括软件安全和数据安全，软件安全是指软件的防复制、防篡改、防非法执行等。数据安全是指计算机中的数据不被非法读出、更改、删除等。

信息安全的含义包含如下几个方面：

1. 信息的可靠性

信息的可靠性是网络信息系统能够在规定条件下和规定时间内完成规定功能的特性。可靠性是系统安全的最基本要求之一，是所有网络信息系统的建设和运行目标。

2. 信息的可用性

信息的可用性是网络信息可被授权实体访问并按需求使用的特性。即网络信息服务在需要时，允许授权用户或实体使用的特性，或者是网络部分受损或需要降级使用时，仍能为授权用户提供有效服务的特性。可用性是网络信息系统面向用户的安全性能。

3. 信息的保密性

信息的保密性是网络信息不被泄露给非授权的用户、实体或过程，或供其利用的特性。即防止信息泄露给非授权个人或实体，信息只为授权者使用的特性。保密性是在可靠性和可用性基础之上，保障网络信息安全的重要手段。

4. 信息的完整性

信息的完整性是网络信息未经授权不能进行改变的特性。即网络信息在存储或传输过程中保持不被偶然或蓄意地删除、修改、伪造、乱序、重放、插入等破坏的特性。完整性是一种面向信息的安全性，它要求保持信息的原样，即信息的正确生成、正确存储和传输。

5. 信息的不可抵赖性

信息的不可抵赖性又称不可否认性。在网络信息系统的信息交互过程中，确信参与者的真实同一性，即所有参与者都不可能否认或抵赖曾经完成的操作和承诺。利用信息源证据可以防止发信方不真实地否认已发送信息，利用递交接收证据可以防止收信方事后否认已经接收信息。

6. 信息的可控性

信息的可控性是对信息的传播及内容具有控制能力的特性。除此以外，信息安全还包括鉴别、审计追踪、身份认证、授权和访问控制、安全协议、密钥管理、可靠性等。

2.2 信息安全的发展历史

人类很早就在考虑怎样秘密地传递信息了。文献记载的最早有实用价值的通信保密技术是古罗马帝国时期的 Caesar 密码。它能够把明文信息变换为人们看不懂的称为密文的字符串，当把密文传递到自己伙伴手中时，又可方便地还原为原来的明文形式。Caesar 密码实际上非常简单，需要加密时，把字母 A 变成 D、B 变为 E……W 变为 Z、X 变为 A、Y 变为 B、Z 变为 C，即密文由明文字母循环后移 3 位得到。反过来，由密文变为明文也相当简单。

随着 IT 技术的发展，各种信息电子化，信息更加方便获取、携带与传输，相对于传统的信息安全保障，电子化的信息需要更加有力的技术保障，而不单单是对接触信息的人和信息本身进行管理，介质本身的形态已经从"有形"到"无形"。在计算机支撑的业务系统中，正常业务处理的人员都有可能接触、获取这些信息，信息的流动是隐性的，对业务流程的控制就成了保障涉密信息的重要环节。

在不同的发展时期，信息安全的侧重点和控制方式是有所不同的，大致来说，信息安全的发展过程经历了四个阶段。

第一个阶段是通信安全时期，其主要标志是 1949 年香农发表的《保密通信的信息理论》。这个时期通信技术还不发达，计算机只是零散地位于不同的地点，信息系统的安全仅限于保证计算机的物理安全以及通过密码解决通信安全的保密问题。在面对电话、电报、传真等信息交换过程中存在的安全问题时，人们强调的主要是信息的保密性，对安全理论和技术的研究也只侧重于密码学，这一阶段的信息安全可以简称通信安全，即 COMSEC（Communication Security）。

第二个阶段为计算机安全时期，以 20 世纪 70~80 年代的《可信计算机评估准则》（TCSEC）为标志。半导体和集成电路技术的飞速发展推动了计算机软、硬件的发展，计算机和网络技术的应用进入了实用化和规模化阶段。人们对安全的关注已经逐渐扩展为以保密性、完整性和可用性为目标的信息安全阶段，即 INFOSEC（Information Security）。

第三个阶段是在 20 世纪 90 年代兴起的网络时代。由于互联网技术的飞速发展，信息无论是对内还是对外都得到极大开放，由此产生的信息安全问题跨越了时间和空间，信息安全的焦点从传统的保密性、完整性和可用性的原则衍生出了诸如可控性、抗抵赖性、真实性等其他的原则和目标。

第四个阶段是进入 21 世纪的信息安全保障时代，其主要标志是《信息保障技术框架》（IATF）。面向业务的安全防护已经从被动走向主动，安全保障理念从风险承受模式走向安全保障模式。不断出现的安全体系与标准、安全产品与技术带动信息安全行业形成规模，入侵防御、下一代防火墙、APT 攻击检测、MSS/SaaS 服务等新技术、新产品、新模式走上舞台。信息安全也转化为从整体角度考虑其体系建设的信息保障（Information Assurance）阶段。

2.3 信息系统安全体系结构

研究信息系统安全体系结构，就是将普遍性安全体系原理与自身信息系统的实际相结合，形成满足信息系统安全需求的安全体系结构。

1989 年 12 月，国际标准化组织 ISO 颁布了 ISO 7498-2 标准，该标准首次确定了 OSI 参考模型的计算机信息安全体系结构，并于 1995 年再次在技术上进行了修正。OSI 安全体系结构包括五类安全服务以及八类安全机制。

2.3.1 五类安全服务

五类安全服务包括认证（鉴别）服务、访问控制服务、数据保密性服务、数据完整性服务和抗否认性服务。

① 认证（鉴别）服务：提供对通信中对等实体和数据来源的认证（鉴别）。

② 访问控制服务：用于防止未授权用户非法使用系统资源，包括用户身份认证和用户权限确认。

③ 数据保密性服务：为防止网络各系统之间交换的数据被截获或被非法存取而泄密，提供机密保护。同时，对有可能通过观察信息流就能推导出信息的情况进行防范。

④ 数据完整性服务：用于组织非法实体对交换数据的修改、插入、删除以及在数据交换过程中的数据丢失。

⑤ 抗否认性服务：用于防止发送方在发送数据后否认发送和接收方在收到数据后否认收到或伪造数据的行为。

2.3.2 八类安全机制

八类安全机制包括加密机制、数字签名机制、访问控制机制、数据完整性机制、认证机制、业务流填充机制、路由控制机制、公正机制。

① 加密机制：是确保数据安全性的基本方法，在 OSI 安全体系结构中应根据加密所在的层次及加密对象的不同，而采用不同的加密方法。

② 数字签名机制：是确保数据真实性的基本方法，利用数字签名技术可进行用户的身份认证和消息认证，它具有解决收、发双方纠纷的能力。

③ 访问控制机制：从计算机系统的处理能力方面对信息提供保护。访问控制按照事先确定的规则决定主体对客体的访问是否合法，当一个主体试图非法访问一个未经授权使用的客体时，访问控制将拒绝这一企图，给出警报并记录日志档案。

④ 数据完整性机制：破坏数据完整性的主要因素有以下几种，数据在信道中传输时受信道干扰影响而产生错误；数据在传输和存储过程中被非法入侵者篡改；计算机病毒对程序和数据的传染等。对付信道干扰的有效方法是纠错编码和差错控制，对付非法入侵者主动攻击的有效方法是报文认证，对付计算机病毒的有效方法是病毒检测、杀毒和免疫。

⑤ 认证机制：在计算机网络中认证主要有用户认证、消息认证、站点认证和进程认证等，可用于认证的方法有已知信息（如口令）、共享密钥、数字签名、生物特征（如指纹）等。

⑥ 业务流填充机制：攻击者通过分析网络中一个路径上的信息流量和流向来判断某些事件的发生，为了对付这种攻击，一些关键站点间在无正常信息传送时，持续传递一些随机数据，

使攻击者不知道哪些数据是有用的，哪些数据是无用的，从而挫败攻击者的信息流分析。

⑦ 路由控制机制：在大型计算机网络中，从源点到目的地往往存在多条路径，其中有些路径是安全的，有些路径是不安全的，路由控制机制可根据信息发送者的申请选择安全路径，以确保数据安全。

⑧ 公正机制：在大型计算机网络中，并不是所有用户都是诚实可信的，同时也可能由于设备故障等技术原因造成信息丢失、延迟等，用户之间很可能引起责任纠纷，为了解决这个问题，就需要有一个各方都信任的第三方以提供公证仲裁，仲裁数字签名技术是这种公正机制的一种技术支持。

2.4　信息安全的防御策略

计算机信息系统安全保护工作的任务，就是不断发现、堵塞系统安全漏洞，预防、发现、制止利用或者针对系统进行的不法活动，预防、处置各种安全事件和事故，提高系统安全系数，确保计算机信息系统安全可用。

2.4.1　信息安全存在的主要威胁

1．失泄密

失泄密是指计算机网络信息系统中的信息，特别是敏感信息被非授权用户通过侦收、截获、窃取或分析破译等方法恶意获得，造成信息泄露的事件。造成失泄密以后，计算机网络一般会继续正常工作，所以失泄密事故往往不易被察觉，但是失泄密所造成的危害却是致命的，其危害也往往会持续很长时间。失泄密主要有六条途径：一是电磁辐射泄漏；二是传输过程中失泄密；三是破译分析；四是内部人员的泄密；五是非法冒充；六是信息存储泄露。

2．数据破坏

数据破坏是指计算机网络信息系统中的数据由于偶然事故或人为破坏，被恶意修改、添加、伪造、删除或者丢失。数据破坏主要存在六个方面：一是硬件设备的破坏；二是程序方式的破坏；三是通信干扰；四是返回渗透；五是非法冒充；六是内部人员造成的数据破坏。

3．计算机病毒

计算机病毒是指恶意编写的破坏计算机功能或者破坏计算机数据，影响计算机使用并且能够自我复制的一组计算机程序代码。计算机病毒具有以下特点：一是寄生性；二是繁殖力特别强；三是潜伏期特别长；四是隐蔽性高；五是破坏性强；六是计算机病毒具有可触发性。

4．网络入侵

网络入侵是指计算机网络被黑客或者其他对计算机网络信息系统进行非授权访问的人员，采用各种非法手段侵入的行为。他们往往会对计算机信息系统进行攻击，并对系统中的信息进行窃取、篡改、删除，甚至使系统部分或者全部崩溃。

5．后门

后门是指在计算机网络信息系统中人为地设定一些"陷阱"，从而绕过信息安全监管而获取对程序或系统访问权限，以达到干扰和破坏计算机信息系统正常运行的目的。后门一般可分为硬件后门和软件后门两种。硬件后门主要指蓄意更改集成电路芯片的内部设计和使用规程的"芯片捣鬼"，以达到破坏计算机网络信息系统的目的。软件后门主要是指程序员按特定的条件设计的，并蓄意留在软件内部的特定源代码。

6．拒绝服务

拒绝服务是指对信息或其他资源的合法访问被无条件阻止。拒绝服务攻击的方法很多，但是仔细研究攻击模式，可以分为以下四种情况：消耗包括网络带宽、存储空间、CPU 时间等资源；破坏或者更改配置信息；物理破坏或者改变网络部件；利用服务程序中的处理错误使服务失效。按照攻击发起的位置，拒绝服务攻击又可以分为传统的拒绝服务攻击和分布式拒绝服务攻击。

7．威胁的主要来源

信息安全的威胁主要有以下几个来源：自然灾害、意外事故、计算机犯罪、人为错误、"黑客"行为、内部泄密、外部泄密、信息丢失、电子谍报、网络协议自身缺陷、信息战、网络嗅探等。

2.4.2　保障信息安全的主要防御策略

尽管计算机网络信息安全受到威胁，但是采取恰当的防护措施也能有效地保护网络信息的安全。信息系统的安全策略是为了保障在规定级别下的系统安全而制定和必须遵守的一系列准则和规定，它考虑到入侵者可能发起的任何攻击，以及为使系统免遭入侵和破坏而必然采取的措施。实现信息安全，不但要靠先进的技术，而且要靠严格的安全管理、法律约束和安全教育。

信息系统的安全策略主要包括：物理安全策略、运行管理策略、信息安全策略、备份与恢复策略、应急计划和相应策略、计算机病毒与恶意代码防护策略、身份鉴别策略、访问控制策略、信息完整性保护策略、安全审计策略。

1．物理安全策略

计算机信息和其他用于存储、处理或传输信息的物理设施，例如，硬件、磁介质、电缆等，对于物理破坏来说是易受攻击的，同时也不可能完全消除这些风险。因此，应该将这些信息及物理设施放置于适当的环境中并在物理上给予保护使之免受安全威胁和环境危害。

2．运行管理策略

为避免信息遭受人为过失、窃取、欺骗、滥用的风险，应加强计算机信息系统运行管理，提高系统安全性、可靠性，减少恶意攻击、各类故障带来的负面效应，全体相关人员都应该了解计算机及系统的网络与信息安全需求，建立行之有效的系统运行维护机制和相关制度。比如，建立健全中心机房管理制度、信息设备操作使用规程、信息系统维护制度、网络通信管理制度、应急响应制度等。

3．信息安全策略

为保护计算机中数据信息的安全性、完整性、可用性，保护系统中的信息免受恶意的或偶然的篡改、伪造和窃取，有效控制内部泄密的途径和防范来自外部的破坏，可借助数据异地容灾备份、密文存储、设置访问权限、身份识别、局部隔离等策略提高安全防范水平。

在设计信息系统时，选用相对成熟、稳定和安全的系统软件并保持与其提供商的密切接触，通过其官方网站或合法渠道，密切关注其漏洞及补丁发布情况，争取"第一时间"下载补丁软件，弥补不足。

4．计算机病毒与恶意代码防护策略

病毒防范包括预防和检查病毒（包括实时扫描、过滤和定期检查），主要内容包括：控制

病毒入侵途径，安装可靠的防病毒软件，对系统进行实时检测和过滤，定期杀毒，及时更新病毒库，详细记录，防病毒软件的安装和使用由信息安全管理员执行。

5．身份鉴别和访问控制策略

为了保护计算机系统中信息不被非授权的访问、操作或被破坏，必须对信息系统实行控制访问。采用有效的口令保护机制，包括：规定口令的长度、有效期、口令规则；保障用户登录和口令的安全；用户选择和使用密码时应参考良好的安全惯例；严格设置对重要服务器、网络设备的访问权限。

6．安全审计策略

计算机及信息系统的信息安全审计活动和风险评估应当定期执行。特别是系统建设前或系统进行重大变更之前，必须进行风险评估工作。定期进行信息安全审计和信息安全风险评估，并形成文档化的信息安全审计报告和风险评估报告。

2.5　信息安全的评估标准

信息安全评估是信息安全生命周期中的一个重要环节，是对企业的网络拓扑结构、重要服务器的位置、带宽、协议、硬件、与 Internet 的接口、防火墙的配置、安全管理措施及应用流程等进行全面的安全分析，并提出安全风险分析报告和改进建议书。

信息安全评估标准是信息安全评估的行动指南。可信的计算机系统安全评估标准（TCSEC）由美国国防部于 1985 年公布，是计算机系统信息安全评估的第一个正式标准。它把计算机系统的安全分为四类、七个级别，对用户登录、授权管理、访问控制、审计跟踪、隐蔽通道分析、可信通道建立、安全检测、生命周期保障、文档写作、用户指南等内容提出了规范性要求。

信息安全等级保护是指对国家安全、法人和其他组织及公民的专有信息以及公开信息和存储、传输、处理这些信息的信息系统分等级实行安全保护，对信息系统中使用的信息安全产品实行按等级管理，对信息系统中发生的信息安全事件分等级响应、处置。

1．D 类安全等级

D 类安全等级只包括 D1 一个级别。D1 的安全等级最低。D1 系统只为文件和用户提供安全保护。D1 系统最普通的形式是本地操作系统，或者是一个完全没有保护的网络。

2．C 类安全等级

该类安全等级能够提供审慎的保护，并为用户的行动和责任提供审计能力。C 类安全等级可划分为 C1 和 C2 两类。C1 系统的可信任运算基础体制（Trusted Computing Base，TCB）通过将用户和数据分开来达到安全的目的。在 C1 系统中，所有用户以同样的灵敏度处理数据，即用户认为 C1 系统中的所有文档都具有相同的机密性。C2 系统比 C1 系统加强了可调的审慎控制。在连接到网络上时，C2 系统的用户分别对各自的行为负责。C2 系统通过登录过程、安全事件和资源隔离来增强这种控制。C2 系统具有 C1 系统中所有的安全性特征。

3．B 类安全等级

B 类安全等级可分为 B1、B2 和 B3 三类。B 类系统具有强制性保护功能。强制性保护意味着如果用户没有与安全等级相连，系统就不会让用户存取对象。B1 系统满足下列要求：系统对网络控制下的每个对象都进行灵敏度标记；系统使用灵敏度标记作为所有强迫访问控制的基础；

系统在把导入的、非标记的对象放入系统前进行标记；灵敏度标记必须准确地表示其所联系的对象的安全级别；当系统管理员创建系统或者增加新的通信通道或 I/O 设备时，管理员必须指定每个通信通道和 I/O 设备是单级还是多级，并且管理员只能手工指定；单级设备并不保持传输信息的灵敏度级别；所有直接面向用户位置的输出（无论是虚拟的还是物理的）都必须产生标记来指示关于输出对象的灵敏度；系统必须使用用户的口令或证明来决定用户的安全访问级别；系统必须通过审计来记录未授权访问的企图。

B2 系统必须满足 B1 系统的所有要求。另外，B2 系统的管理员必须使用一个明确的、文档化的安全策略模式作为系统的可信任运算基础体制。B2 系统必须满足下列要求：系统必须立即通知系统中的每一个用户所有与之相关的网络连接的改变；只有用户能够在可信任通信路径中进行初始化通信；可信任运算基础体制能够支持独立的操作者和管理员。

B3 系统必须符合 B2 系统的所有安全需求。B3 系统具有很强的监视委托管理访问能力和抗干扰能力。B3 系统必须设有安全管理员。B3 系统应满足以下要求：除了控制对个别对象的访问外，B3 必须产生一个可读的安全列表；每个被命名的对象提供对该对象没有访问权的用户列表说明；B3 系统在进行任何操作前，要求用户进行身份验证；B3 系统验证每个用户，同时还会发送一个取消访问的审计跟踪消息；设计者必须正确区分可信任的通信路径和其他路径；可信任的通信基础体制为每个被命名的对象建立安全审计跟踪；可信任的运算基础体制支持独立的安全管理。

4．A 类安全等级

A 类安全等级的级别最高。目前，A 类安全等级只包含 A1 一个安全类别。A1 类与 B3 类相似，对系统的结构和策略不作特别要求。A1 系统的显著特征是，系统的设计者必须按照一个正式的设计规范来分析系统。对系统分析后，设计者必须运用核对技术确保系统符合设计规范。A1系统必须满足下列要求：系统管理员必须从开发者那里接收到一个安全策略的正式模型；所有安装操作都必须由系统管理员进行；系统管理员进行的每一步安装操作都必须有正式文档。

20 世纪 90 年代初，法、英、荷、德四国联合发布信息技术安全评估标准（ITSEC，欧洲白皮书），它提出了信息安全的机密性、完整性、可用性的安全属性。机密性就是保证没有经过授权的用户、实体或进程无法窃取信息；完整性就是保证没有经过授权的用户不能改变或者删除信息，从而信息在传送的过程中不会被偶然或故意破坏，保持信息的完整、统一；可用性是指合法用户的正常请求能及时、正确、安全地得到服务或回应。ITSEC 把可信计算机的概念提高到可信信息技术的高度上来认识，对国际信息安全的研究、实施产生了深刻的影响。

1996 年，美、加、英、法、德、荷六国联合提出了信息技术安全评价的通用标准（CC），并逐渐形成国际标准 ISO 15408。该标准定义了评价信息技术产品和系统安全性的基本准则，提出了目前国际上公认的表述信息技术安全性的结构，即把安全要求分为规范产品和系统安全行为的功能要求以及解决如何正确有效地实施这些功能的保证要求。CC 标准是第一个信息技术安全评价国际标准，它的发布对信息安全具有重要意义，是信息技术安全评价标准以及信息安全技术发展的一个重要里程碑。

我国主要是等同采用国际标准。公安部主持制定、国家质量技术监督局发布的中华人民共和国国家标准 GB 17859—1999《计算机信息系统　安全保护等级划分准则》已正式颁布并实施。该准则将信息系统安全分为五个等级：用户自主保护级、系统审计保护级、安全标记保护级、结构化保护级和访问验证保护级。主要的安全考核指标有身份认证、自主访问控制、数据完整性、审计等，这些指标涵盖了不同级别的安全要求。GB 18336.1～.3—2015《信息技术　安全技术　信息技术安全评估准则　第 1 部分～第 3 部分》也是等同采用 ISO 15408 标准。

随着世界各国对于标准的地位和作用的日益重视，信息安全评估标准多国化、国际化成为大势所趋。国际标准组织将进一步研究改进 ISO/IEC 15408 标准，各国在采用国际标准的同时，将利用有关条款，保护本国利益，最终，国内、国际多个标准并存将成为普遍现象。

实训 1　了解信息安全技术

1. 实训目的

熟悉信息安全技术的基本概念，了解信息安全技术的基本内容，了解网络环境中主流的信息安全技术网站，掌握通过专业网站不断丰富信息安全最新知识的学习方法，尝试通过专业网站的辅助与支持开展信息安全技术使用实践。

2. 实训环境

装有浏览器、可以联网的计算机。

3. 实训内容

① 查阅有关资料，给出信息安全的定义，并用自己的语言概述。

② 查询相关资料，查看自己的系统是否安全，如果有安全漏洞，应该怎么补救，以后用计算机时应该如何避免这些安全漏洞。

习　　题

一、选择题

1. 下列关于信息的说法，（　　）是错误的。
    A. 信息是人类社会发展的重要支柱　　　　B. 信息本身是无形的
    C. 信息具有价值，需要保护　　　　　　　D. 信息可以以独立形态存在

2. 信息安全经历了三个发展阶段，以下（　　）不属于这三个发展阶段。
    A. 通信保密阶段　　　　　　　　　　　　B. 加密机阶段
    C. 信息安全阶段　　　　　　　　　　　　D. 安全保障阶段

3. 信息安全的基本属性是（　　）。
    A. 机密性　　　　B. 可用性　　　　C. 完整性　　　　D. 前面三项都是

4. 信息安全在通信保密阶段对信息安全的关注局限在安全属性的（　　）。
    A. 不可否认性　　B. 可用性　　　　C. 保密性　　　　D. 完整性

5. 下面所列的（　　）安全机制不属于信息安全保障体系中的事先保护环节。
    A. 杀毒软件　　　B. 数字证书认证　　C. 防火墙　　　　D. 数据库加密

6. 根据 ISO 的信息安全定义，下列选项中（　　）是信息安全三个基本属性之一。
    A. 真实性　　　　B. 可用性　　　　C. 可审计性　　　D. 可靠性

7. 为了数据传输时不发生数据截获和信息泄密，采取了加密机制，这种做法体现了信息安全的（　　）属性。

A. 保密性　　　　　B. 完整性　　　　　C. 可靠性　　　　　D. 可用性

8. 信息安全领域内最关键和最薄弱的环节是（　　　）。

   A. 技术　　　　　B. 策略　　　　　C. 管理制度　　　　　D. 人

9. （　　　）对信息安全管理负有责任。

   A. 高级管理层　　　　　　　　　　　B. 安全管理员

   C. IT 管理员　　　　　　　　　　　D. 所有与信息系统有关人员

10. 用户身份鉴别是通过（　　　）完成的。

   A. 口令验证　　　　B. 审计策略　　　　C. 存取控制　　　　D. 查询功能

11. ISO 7498-2 从体系结构观点描述了五种安全服务，（　　　）不属于这五种安全服务。

   A. 身份鉴别　　　　B. 数据报过滤　　　　C. 授权控制　　　　D. 数据完整性

12. ISO 7498-2 描述了八种特定的安全机制，（　　　）不属于这八种安全机制。

   A. 安全标记机制　　B. 加密机制　　　　C. 数字签名机制　　D. 访问控制机制

13. 用于实现身份鉴别的安全机制是（　　　）。

   A. 加密机制和数字签名机制　　　　　B. 加密机制和访问控制机制

   C. 数字签名机制和路由控制机制　　　D. 访问控制机制和路由控制机制

14. ISO 安全体系结构中的对象认证服务，使用（　　　）完成。

   A. 加密机制　　　　　　　　　　　　B. 数字签名机制

   C. 访问控制机制　　　　　　　　　　D. 数据完整性机制

15. 数据保密性安全服务的基础是（　　　）。

   A. 数据完整性机制　　　　　　　　　B. 数字签名机制

   C. 访问控制机制　　　　　　　　　　D. 加密机制

16. 我国在 1999 年发布的国家标准（　　　）为信息安全等级保护奠定了基础。

   A. GB 17799　　　　　　　　　　　B. GB 15408

   C. GB 17859　　　　　　　　　　　D. GB 14430

17. 信息安全评测标准 CC 是（　　　）标准。

   A. 美国　　　　　　B. 国际　　　　　C. 英国　　　　　D. 澳大利亚

18.《信息系统安全等级保护基本要求》中，对不同级别的信息系统应具备的基本安全保护能力进行了要求，共划分为（　　　）级。

   A. 四　　　　　　　B. 五　　　　　C. 六　　　　　D. 七

二、简答题

1. 列举并解释 ISO/OSI 中定义的五种标准安全服务。

2. 简述信息安全存在的主要威胁。

3. 简述保障信息安全的主要防御策略。

4. 信息安全评估标准是信息安全评估的行动指南，简述信息安全评估标准。

单元 ③

物联网安全技术

本单元主要介绍物联网的体系架构、物联网安全问题分析、物联网安全威胁分析、物联网与其他安全的关系、物联网的安全需求等。

通过本单元的学习，使读者：

（1）了解物联网的体系架构；

（2）分析物联网安全问题；

（3）掌握物联网安全的特点；

（4）了解物联网安全面临的挑战；

（5）分析物联网安全威胁；

（6）了解物联网与其他安全的关系；

（7）了解物联网的安全需求。

物联网是继计算机、互联网与移动通信网之后的信息产业新方向，其价值在于让物体也拥有"智慧"，从而实现人与物、物与物之间的沟通。本单元将从感知层、网络层、应用层对物联网体系架构进行介绍。读者可以借助本单元了解物联网知识体系的基本框架。

3.1　物联网的体系架构

物联网的价值在于让物体也拥有"智慧"，从而实现人与物、物与物之间的沟通，物联网的特征在于感知、互联和智能的叠加。因此，物联网由三个部分组成：感知部分，即以二维码、RFID、传感器为主，实现对"物"的识别；传输网络，即通过现有的互联网、广电网络、通信网络等实现数据的传输；智能处理，即利用云计算、数据挖掘、中间件等技术实现对物品的自动控制与智能管理等。

目前在业界，物联网体系架构也大致被公认为有这三个层次，底层是用来感知数据的感知层，第二层是数据传输的网络层，最上面则是应用层。感知层实现对物理世界的智能感知识别、信息采集处理和自动控制，并通过通信模块将物理实体连接到网络层和应用层。网络层主要实现信息的传递、路由器和控制，包括延伸网、接入网和核心网，网络层可依托公众电信网和互联网，也可以依托行业专用通信资源。应用层包括应用基础设施/中间件和各种物联网应用。应用基础设施/中间件为物联网应用提供信息处理、计算等通用基础服务设施、能力及资源调用接口，以此为基础实现物联网在众多领域的各种应用，如图 3-1 所示。

物联网涉及感知、控制、网络通信、微电子、软件、嵌入式系统、微机电等技术领域，因此物联网涵盖的关键技术也非常多，为了系统分析物联网技术体系，将物联网技术体系划分为感知关键技术、网络通信关键技术、应用关键技术、支撑技术和共性技术。

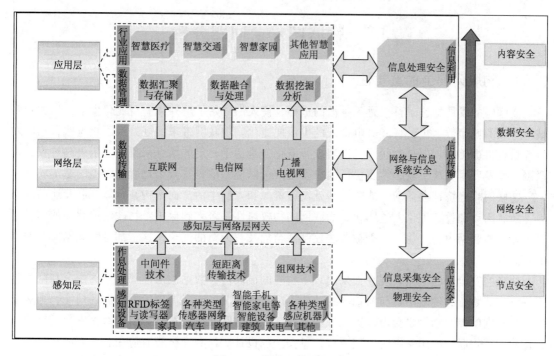

图 3-1 物联网体系架构

1. 感知关键技术

传感和识别技术是物联网感知物理世界获取信息和实现物体控制的首要环节，传感器将物理世界中的物理量、化学量、生物量转化为可供处理的数字信号，识别技术实现对物联网中物体标识和位置信息的获取。

2. 网络通信关键技术

网络通信技术主要实现物联网信息和控制信息的双向传递、路由和控制，重点包括低速近距离无线通信技术、低功耗路由、自组织通信、无线接入 M2M 通信增强、IP 承载技术、网络传送技术、异构网络融合技术以及认知无线电技术。

3. 应用关键技术

海量信息智能处理综合运用高性能计算、人工智能、数据库和模糊计算等技术，对收集的感知数据进行通用处理，重点涉及数据存储、并行计算、数据挖掘、平台服务、信息呈现等，面向服务的体系架构（SOA）是一种松耦合的软件组件技术，它将应用程序的不同功能模块化，并通过标准化的接口和调用方式联系起来，实现快速可重用的系统开发和部署。

4. 支撑技术

物联网支撑技术包括嵌入式系统、微机电系统、软件和算法、电源和储能、新材料技术等。

5. 共性技术

物联网共性技术涉及网络的不同层面，主要包括架构技术、标识和解析、安全和隐私、网络管理技术等。

3.2 物联网安全问题分析

3.2.1 物联网安全的重要性

物联网的发展加速了科技融入生活的进程，使人们开始了解并体验智能化生活，比如智慧城市带来的城市数字化，智能家电带来的生活便捷化。物联网带来的好处远不止这些，它的发展前景也将更美好。但是物联网可以实现智能化，是基于一定的信息采集与分析处理过程，物联网想要发展得长久，就必须要保证信息安全。可以说，信息安全是物联网发展的基本底线。

物联网将经济社会活动、战略性基础设施资源和人们生活全面架构在全球互联互通的网络上，所有活动和设施理论上透明化，物联网的物权属性是否受到保护？物联网所感知的信息是否可靠？物联网中的"物"是否被非法控制甚至危及"人"的安全？这些都是物联网安全面临的新问题。

物联网安全问题重点表现在如果出现了物联网被攻击、数据被篡改等现象，安全和隐私将面临巨大威胁，致使其出现与所期望的功能不一致的情况，或者不再发挥应有的功能，那么依赖于物联网的控制结果将会出现灾难性的问题。无论物联网应用背景本身是否是安全敏感的，在构建一个物联网应用系统时一定要有信息安全的设计。没有安全难有应用，没有应用何以发展？所构建的物联网系统一旦遭到信息安全攻击，不仅所获得的数据或信息没有意义，而且可能有害，甚至导致系统的崩溃或瘫痪。如果物联网中所传输的大量无线信号很容易被窃取和干扰，一旦被敌方利用发起恶意攻击，就很可能出现错误的操控结果并导致恶性后果，例如，广播电视节目被劫持、电网瘫痪、交通失控、工厂停产、商店停业等，整个社会将陷入一片混乱。物联网的发展需要全面考虑这些安全因素，设计并建立相对完善的安全机制，尤其在考虑物联网的各种安全要素时，保护强度和特定业务需求之间需要折中，最终的设计原则是在满足业务功能需求基础上确保信息安全，保护用户隐私，制定适度的安全策略。

但是物联网核心技术掌握在世界上比较发达的国家手中，始终会对没有掌握物联网产业核心技术的国家造成安全威胁。所以，要解决物联网的安全隐患，我国应该加大投入力度，攻克技术难关，争取掌握物联网安全的核心技术。

3.2.2 物联网安全的特点

物联网以互联网为基础实现了多角度的拓展，物联网安全自然也就超越了互联网安全，覆盖了更丰富的内容。尽管物联网安全与互联网安全没有技术本质上的区分，但在广泛性、复杂性、非对称性和轻量级等方面仍表现出不同的特点；而且物联网规模越大，就越可能放大安全问题造成的影响。

1. 广泛性

与互联网相比，物联网具有更加广泛的地域、领域、对象覆盖性。一方面，大量的物联网感知节点广泛地分布于众多的领域和区域，表现出泛在化的特点；另一方面，物联网与普通大众的联系程度将远远超越互联网，并深刻地影响着人们的职业活动与休闲生活。当每个人习惯于使用网络处理生活中的所有事情时，习惯于网上购物、网上办公时，信息安全就与人们的日常生活紧密地结合在一起，不再可有可无。物联网时代如果出现了安全问题，每个人都将面临重大损失。物联网将无处不在，物联网安全也将如影随形，这就是物联网安全的广泛性。

2．复杂性

物联网组成的多态性、应用领域的广泛性、所蕴含技术的差异性以及面临安全威胁的多样性等决定了物联网安全的复杂性，从目前可认知的观点出发可以知道，物联网安全所面临的威胁、要解决的安全问题、所采用的安全技术，在数量上比互联网大很多，而且还可能出现互联网安全所没有的新问题和新技术。物联网安全涉及信息感知、信息传输和信息处理等多个方面，并且更加强调用户隐私。物联网安全各个层面的安全技术都需要综合考虑，系统的复杂性将是一大挑战，同时也将呈现大量的商机。

3．非对称性

物联网中，各个网络边缘感知节点的能力较弱，但是其数量庞大，而网络中心的信息处理系统的计算处理能力非常强，但数量有限，因此整个网络呈现出明显的非对称的特点。物联网安全在面向这种非对称网络时，需要将能力弱的感知节点安全处理能力与网络中心强的处理能力结合起来，采用高效的安全管理措施进行协调，使其形成综合能力，从而能够整体上发挥出安全设备的效能。

4．轻量级

物联网中有数量巨大的低能节点，物联网面临的安全威胁规模也将是空前的，安全与需求的矛盾将十分突出，并且与人们的生活密切相关。物联网安全必须是轻量级、低成本的安全解决方案，只有这种轻量级的思路，才能适应物联网感知层的特点与物联网大规模分布应用，才能被普通大众所接受。轻量级解决方案正是物联网安全的一大难点，安全措施的效果必须要好，同时要低成本，这样的需求可能会催生出一系列的安全新技术。因此，物联网安全表现出轻量级的特点。

3.2.3 物联网安全面临的挑战

1．传统的网络安全威胁

互联网是一个开放系统，具有资源丰富、高度分布、广泛开放、动态演化、边界模糊等特点，网络中的信息在存储和传输过程中有可能被盗用、暴露、篡改和伪造等，且基于网络的信息交换还面临着身份认证和防否认等安全需求。网络资源难免会吸引各种主动或被动的人为攻击，例如，信息泄漏、信息窃取、数据篡改、计算机病毒、黑客、工业间谍等。同时，通信实体还面临着诸如水灾、火灾、地震等自然灾害和电磁辐射等方面的考验。

从大的方面说，"没有网络安全就没有国家安全"，网络信息安全关系到国家主权的安全、社会的稳定、民族文化的继承和发扬等。从小的方面说，网络信息安全关系到公私财物和个人隐私的安全。因此必须设计一套完善的安全策略，采用不同的防范措施，并制定相应的安全管理规章制度来加以保护。

2. 物联网面临的新威胁

物联网在互联网基础上实现了网络形态、参与主体和覆盖范围等的拓展，网络活动中"物"的参与和"感知层"的出现使得物联网表现出不同于传统互联网的一些新特征，这也使得物联网面临着不同于传统互联网的一些新威胁。

物联网安全问题具有特殊性，物联网中"物"的所有权属性需要得到保护，涉及"物"的安全；物联网中的"物"与人相连接，可能对人身造成直接伤害；物联网相较于传统网络，其感知节点大都部署在无人值守的环境，具有容易接近、能力脆弱、资源受限等特点，信息来源的真实性值得特别关注，但不能简单地移植传统的信息安全方案。

物联网的安全形态体现在三个要素上：第一是物理安全，主要是传感器的安全，包括传感器的干扰、屏蔽、信号截获等，是物联网安全特殊性的体现。第二是运行安全，存在于各个要素中，涉及传感器、信息传输系统及信息处理系统的正常运行，与传统信息系统安全基本相同。第三是数据安全，也是存在于各个要素中，要求在传感器、信息传输系统、信息处理系统中的信息不会出现被窃取、被篡改、被伪造和抵赖等性质。

传感器与传感网所面临的安全问题比传统的信息安全更为复杂，因为传感器与传感网可能会因为能量和存储、计算、通信等资源受限的问题而不能构建过于复杂的保护体系。物联网除面临一般信息网络所具有的安全问题外，还面临物联网特有的安全脆弱性与安全威胁。从威胁的利益主体而言，物联网的信息安全主要涉及两个方面：一是国家和企业机密（主要表现为业务过程的机密性）；二是个人隐私。对国家和企业而言，敏感信息的数据资源若处理不当，很容易在数据交互共享的过程中遭受攻击而导致机密泄露、财物损失或正常的生产秩序被打乱，构成严重的安全威胁。对个人而言，数据信息往往涉及个人行为、兴趣爱好等隐私问题，严重时可能危及人的生命安全。

物联网安全问题重点表现在如果物联网出现了被攻击、数据被篡改等，安全和隐私将面临巨大威胁，致使其出现与所期望的功能不一致的情况，或者不再发挥应有的功能，那么依赖于物联网的控制结果将会出现灾难性的问题。物联网的发展需要全面考虑安全因素，设计并建立相对完善的安全机制，在满足业务功能需求基础上尽可能地确保信息安全，保护用户隐私，定制适度的安全策略。

到目前为止，能够满足物联网安全新挑战及体现物联网特点的安全技术还不成熟，物联网安全技术还将经过相当长一段时间的发展才可能走向相对完备，并在"攻"与"防"的对抗式发展过程中"螺旋式上升"。

总之，整个物联网安全的研究仍处于初始阶段，还没有形成一套完整、系统、标准化的解决方案，现有的许多方法离实际应用还有一定距离，特别是传感器网络的资源局限性和多路自组织网络环境下的大规模数据处理，使其安全问题的研究难度增大，传感器网络的安全研究也是物联网安全的重要组成部分。同时，如何建立有效的多网络融合的安全架构，建立一个跨越多网络的统一安全模型，形成有效的共同防御系统也是重要的研究方向之一。

3.3 物联网安全威胁分析

物联网安全问题的来源是多方面的，包括传统的网络安全问题、计算机系统的安全问题和物联网感知过程中的特殊安全问题等。从物联网的体系结构看，物联网是一个由感知层、网络层和应用层共同构成的大规模信息系统，物联网网络规模越大就越能放大安全问题造成的影响，安全问题已经成为阻碍物联网进一步发展的重要因素，所以必须进一步提出物联网在安全性方面存在的新威胁及应对策略。

3.3.1 感知层安全威胁分析

感知层是物联网的核心，是信息采集的关键部分。感知层位于物联网三层结构中的最低层，其功能为"感知"，即通过传感网络获取环境信息。感知层是物联网的"皮肤"和"五官"，用于识别物体、采集信息。感知层包括二维码标签和识读器、RFID 标签和读写器、摄像头、GPS、传感器、M2M 终端、传感器网关等，主要功能是识别物体、采集信息，与人体结构中皮肤和五官的作用类似。

物联网感知层面临的安全威胁主要有以下几方面：

① 物理攻击：攻击者实施物理破坏使物联网终端无法正常工作，或者盗窃终端设备并通过破解获取用户敏感信息。

② 传感设备替换威胁：攻击者非法更换传感器设备，导致数据感知异常，破坏业务正常开展。

③ 假冒传感节点威胁：攻击者假冒终端节点加入感知网络，上报虚假感知信息，发布虚假指令或者从感知网络中合法终端节点骗取用户信息，影响业务正常开展。

④ 拦截、篡改、伪造、重放：攻击者对网络中传输的数据和信令进行拦截、篡改、伪造、重放，从而获取用户敏感信息或者导致信息传输错误，业务无法正常开展。

⑤ 耗尽攻击：攻击者向物联网终端泛洪发送垃圾信息，耗尽终端电量，使其无法继续工作。

⑥ SIM 卡滥用威胁：攻击者将物联网终端的（U）SIM 卡拔出并插入其他终端设备滥用（如打电话、发短信等），对网络运营商业务造成不利影响。

为应对感知层面临的安全威胁，主要采用架空机制、认证机制、防控制技术、物理机制等防御策略。

3.3.2 网络层安全威胁分析

物联网的价值在什么地方？主要在于网，而不在于物。感知只是第一步，但是感知的信息，如果没有一个庞大的网络体系，不能进行管理和整合，那这个网络就没有意义。网络层位于物联网三层结构中的第二层，其功能为"传送"，即通过通信网络进行信息传输。网络层作为连接着感知层和应用层的纽带，它由各种私有网络、互联网、有线和无线通信网等组成，相当于人的神经中枢系统，负责将感知层获取的信息，安全可靠地传输到应用层，然后根据不同的应用需求进行信息处理。

物联网网络层包含接入网和传输网，分别实现接入功能和传输功能。传输网由公网与专网组成，典型传输网络包括电信网（固网、移动通信网）、广电网、互联网、电力通信网、专用网（数字集群）。接入网包括光纤接入、无线接入、以太网接入、卫星接入等各类接入方式，实现底层的传感器网络、RFID 网络最后一公里的接入。物联网的网络层基本上综合了已有的全部网络形式，成为各种新技术的舞台，如通信网络、IPv6、Wi-Fi、蓝牙等。

网络层主要实现信息的传递、路由和控制，包括延伸网、接入网和核心网，网络层可依托公众电信网和互联网，也可以依托行业专用通信网络。网络层所面临的威胁主要包括病毒、木马、DoS 攻击、假冒、中间人攻击、跨异构网络攻击等传统互联网网络安全问题。

物联网网络层可以使用的应对策略技术有传统的认证技术、数据加密技术等。网络层的安全机制可分为端到端机密性和节点到节点机密性。端到端机密性需要建立端到端认证机制、端到端密钥协商机制、密钥管理机制和机密性算法选取机制等安全机制。在这些安全机制中，根据需要可以增加数据完整性服务。节点到节点机密性需要节点间的认证和密钥协商协议，这类协议要重点考虑效率因素。机密性算法的选择和数据完整性服务则可以根据需求选取或省略。考虑到跨网络架构的安全需求，应建立面向不同网络环境的认证衔接机制，根据应用层的不同需求，网络传输模式可能区分为单播通信、组播通信和广播通信，针对不同类型的通信模式有相应的认证机制和机密性保护机制。

3.3.3　应用层安全威胁分析

物联网的最终目的是把感知和传输来的信息更好地利用，甚至有学者认为，物联网本身就是一种应用，可见应用在物联网中的地位。应用层位于物联网三层结构中的顶层，其功能为处理及通过云计算平台进行信息处理，应用最低端的感知层，这就是物联网的显著特征和核心所在。应用层对感知层采集的数据进行计算处理和知识挖掘，从而实现对物理世界的实时控制、精确管理和科学决策。物联网应用层的核心功能围绕两个方面：一是数据应用程序需要完成数据的管理和数据的处理；二是应用，仅仅管理和处理数据还远远不够，必须将这些数据与行业应用相结合，例如，智能电网中的远程电力抄表应用，至于用户家中的读表器，就是感知层中的传感器，这些传感器在收集到用户的用电信息后通过网络发送并汇总到发电厂的处理器上，该处理器及其对应工作就属于应用层，它将完成对用户用电信息的分析，并自动采取相关措施。

应用层类似于人类社会的"分工"，包括应用基础设施中间件和各种物联网应用。应用基础设施中间件为物联网应用提供信息处理、计算等通用基础服务设施、能力及资源调用接口，以此为基础实现物联网在众多领域的各种应用。应用层涉及物联网的信息处理（业务支撑平台）和具体的应用（业务），涉及隐私保护等安全问题，其安全需求具有多样性，内容丰富。应用层面临的安全挑战主要表现为如何针对不同权限的用户进行不同的访问控制、用户隐私信息保护、信息被泄露跟踪问题、如何进行计算机取证等。对于应用层的相关威胁，现有的解决方案有访问控制技术和匿名签名与认证技术。

3.4　物联网与信息安全

信息安全性是指信息安全的基本属性，主要包括信息的机密性、完整性、真实性、可用性、可控性、新鲜性、可认证性和不可否认性。其实质就是保护系统或网络中的信息资源免受各种类型的威胁、干扰、破坏、非法利用或恶意泄露。

信息安全概念经常与计算机安全、网络安全、数据安全等互相交叉笼统地使用。就目前而言，信息安全的内容主要包括：

①　硬件安全，涉及信息存储、传输、处理等过程中的各类计算机硬件、网络硬件以及存

储介质的安全。要保护这些硬件设施不受损坏，能正常地提供各类服务。

② 软件安全，涉及信息存储、传输、处理的各类操作系统、应用程序以及网络系统不被篡改或破坏，不被非法操作或误操作，功能不会失效，不被非法复制。

③ 运行服务安全，即网络中的各个信息系统能够正常运行并能及时有效、准确地提供信息服务。通过对网络系统中的各种设备运行状况的监测，及发现各类异常因素并能及时报警，采取修正措施保证网络系统正常对外提供服务。

④ 数据安全，保证数据在存储、处理、传输和使用过程中的安全，数据不会被偶然或恶意地篡改、破坏、复制和访问等。

物联网安全的目标则是达成物联网中的信息安全性，确保物联网能够按需为获得授权的合法用户提供及时、可靠、安全的信息服务。已有的对传感网、互联网、移动网、安全多方计算（Secure Multi-Party Computation, SMC）、云计算等的一些安全解决方案在物联网环境中可以部分适用，但另外部分可能不再适用。首先，物联网所对应传感网的数量和终端物体的规模是单个传感网所无法相比的；其次，物联网所连接的终端设备或器件的处理能力将有很大差异，它们之间可能需要相互作用；最后，物联网所处理的数据量将比现在的互联网和移动网都大得多。

即使分别保证了感知控制层、数据传输层和智能处理层的安全，也不能保证物联网的安全。这是因为物联网是融合几个层次于一体的大系统，许多安全问题来源于系统整合。物联网的应用也对安全提出了新要求，比如隐私保护不是单一层次的安全需求，但却是物联网应用系统不可或缺的安全需求。

鉴于以上原因，对物联网的发展需要重新规划并制定可持续发展的安全架构，使物联网在发展和应用过程中，其安全防护措施能够不断完善。

3.5　物联网的安全需求

3.5.1　物联网接入安全

在接入安全中，感知层的接入安全是重点。一个感知节点不能被未经认证授权的节点或系统访问，这涉及感知节点的信任管理、身份认证、访问控制等方面的安全需求。在感知层，由于传感器节点受到能量和功能的制约，其安全保护机制较差，并且由于传感器网络尚未完全实现标准化，消息和数据传输协议没有统一的标准，从而无法提供一个统一完善的安全保护体系。因此，传感器网络除了可能遭受同现有网络相同的安全威胁外，还可能受到恶意节点的攻击、传输的数据被监听或破坏、数据的一致性差等安全威胁。

3.5.2　物联网通信安全

由于物联网中的通信终端呈指数增长，而现有的通信网络承载能力有限，当大量的网络终端节点接入现有网络时，将会给通信网络带来更多的安全威胁。首先，大量终端节点的接入肯定会带来网络拥塞，而网络拥塞可以给攻击者带来可乘之机，从而对服务器产生拒绝服务攻击；其次，由于物联网中的设备传输的数据量较小，一般不会采用复杂的加密算法来保护数据，从而可能导致数据在传输过程中遭到攻击和破坏；最后，感知层和网络层的融合也会带来一些安全问题。另外，在实际应用中，大量使用无线传输数据技术，而且大多数设备都处于无人值守的状态，使得信息安全得不到保障，很容易被窃取和恶意跟踪，而隐私信息的外泄和恶意跟踪给用户带来了极大的安全隐患。

3.5.3 物联网数据处理安全

随着物联网的发展和普及，数据呈现爆炸式增长，个人和企业追求更高的计算性能，软硬件维护费用日益增加，使得个人和企业的设备已无法满足需求，因此，云计算、网格计算、普适计算等应运而生，虽然这些新型计算模式解决了个人和企业的设备需求，但同时也使它们承担着对数据失去直接控制的危险。因此，针对数据处理中的外包数据的安全隐私保护技术显得尤为重要，由于传统的加密算法在对密文的计算、检索方面表现得差强人意，故需要研究可在密文状态下进行检索和运算的加密算法就显得十分必要。

3.5.4 物联网应用安全

物联网的应用领域非常广泛，渗透现实生活中的各个行业，由于物联网本身的特殊性，其应用安全问题除了现有网络应用中常见的安全威胁外，还存在更为特殊的应用安全问题。物联网应用中，除了传统网络的安全需求，如认证、授权、审计等，还包括物联网应用数据的隐私安全需求和服务质量需求，应用部署安全需求等。

习　题

一、选择题

1. 感知层是物联网体系架构的（　　）。

   A. 第一层　　　　B. 第二层　　　　C. 第三层　　　　D. 第四层

2. 物联网体系架构中，应用层相当于人的（　　）。

   A. 大脑　　　　　B. 皮肤　　　　　C. 社会分工　　　D. 神经中枢

3. 物联网体系结构划分为 4 层，传输层在（　　）。

   A. 第一层　　　　B. 第二层　　　　C. 第三层　　　　D. 第四层

4. 物联网的基本架构不包括（　　）。

   A. 感知层　　　　B. 传输层　　　　C. 数据层　　　　D. 会话层

5. 物联网体系结构划分为 4 层，应用层在（　　）。

   A. 第一层　　　　B. 第二层　　　　C. 第三层　　　　D. 第四层

6. IBM 提出的物联网构架结构类型是（　　）。

   A. 三层　　　　　B. 四层　　　　　C. 八横四纵　　　D. 五层

7. 物联网的（　　）是核心。

   A. 感知层　　　　B. 传输层　　　　C. 数据层　　　　D. 应用层

8. 下列不是物联网组成系统的是（　　）。

   A. EPC 编码体系　　　　　　　　　B. EPC 解码体系

   C. 射频识别技术　　　　　　　　　D. EPC 信息网络系统

9. 利用 RFID、传感器、二维码等随时随地获取物体的信息，指的是（   ）。

    A. 可靠传递   B. 全面感知   C. 智能处理   D. 互联网

10. 下列关于物联网的描述不正确的是（   ）。

    A. GPS 也可称为物联网，只不过 GPS 是初级个体的应用

    B. 自动灯光控制算是物联网的雏形

    C. 电力远程抄表是物联网的基本应用

    D. 物联网最早在中国称为泛在网

11. 物联网在（   ）领域中的应用还处在探索之中，没有形成规模应用。

    A. 公共安全   B. 智能交通   C. 生态、环保   D. 远程医疗

12. RFID 属于物联网的（   ）。

    A. 感知层   B. 网络层   C. 业务层   D. 应用层

13. 下列不是物联网体系构架原则的是（   ）。

    A. 多样性原则   B. 时空性原则   C. 安全性原则   D. 复杂性原则

二、简答题

1. 物联网网络层将会遇到哪些安全挑战？

2. 简述物联网的体系架构。

3. 物联网安全的特点有哪些？

4. 物联网有哪些安全需求？

单元 **4**

密码技术

本单元重点介绍密码学的概念、分类、基本技术，并介绍了几种对称加密算法、非对称加密算法和密钥管理技术。

通过本单元的学习，使读者：

（1）理解密码学的概念、分类；

（2）掌握 DES、RSA 算法；

（3）掌握密钥管理技术。

随着计算机和互联网的广泛应用，信息安全已深入人们的日常生活中，密码学作为信息安全的核心内容，其相关理论与技术也得到了迅速发展。

4.1 密码学概述

密码学技术是基本的信息安全工具之一。密码学技术的用途非常广泛，能够为机密性、完整性以及许多其他关键的信息安全功能提供有力支撑。

密码学是一门历史悠久的技术。密码学是研究编制密码和破译密码的技术科学。研究密码变化的客观规律，应用于编制密码以保守通信秘密的，称为编码学；应用于破译密码以获取通信情报的，称为破译学，总称密码学。它利用密码技术对文件加密，实现信息隐蔽，从而起到保护文件安全的作用。数据加密目前仍是计算机系统对信息进行保护的一种最可靠的办法。

密码是通信双方按约定的法则进行信息特殊变换的一种重要保密手段。依照这些法则，变明文为密文，称为加密变换；变密文为明文，称为脱密变换。密码在早期仅对文字或数码进行加、脱密变换，随着通信技术的发展，对语音、图像、数据等都可实施加、脱密变换。

加密就是把数据和信息（称为明文）转换为不可辨识代码（密文）的过程，使其只能在输入相应的密钥之后才能显示出原本内容。它的逆过程称为解密，即将该编码信息转化为原来数据的过程。任何加密系统，不论形式多么复杂，至少包括以下四个组成部分：

① 待加密的报文，称为明文。

② 加密后的报文，称为密文。

③ 加密、解密装置或算法。

④ 用于加密和解密的钥匙，称为密钥，它可以是数字、词汇或语句。数据加密技术的保密性取决于所采用的密码算法和密钥长度。

4.1.1 密码学的产生与发展

密码学是在编码与破译的斗争实践中逐步发展起来的，并随着先进科学技术的应用，已成为一门综合性的尖端技术科学。它与语言学、数学、电子学、声学、信息论、计算机科学等有着广泛而密切的联系。它的现实研究成果，特别是各国政府现用的密码编制及破译手段都具有高度的机密性。

密码技术其实是一项相当古老的技术，很多考古发现都表明古人会用很多奇妙的方法对数据进行加密。从出现加密概念至今，数据加密技术发生了翻天覆地的变化，从整体来看，数据加密技术的发展可以分为三个阶段。

1. 1949 年之前的数据加密技术

早期的数据加密技术比较简单，大部分是一些具有艺术特征的字谜，复杂程度不高，安全性较低，这个时期的密码称为古典密码。随着工业革命的到来和第二次世界大战的爆发，密码学由艺术方式走向了逻辑-机械时代。数据加密技术有了突破性的发展，先后出现了一些密码算法和机械的加密设备。不过这时的密码算法针对的只是字符，使用的基本手段是替代和置换。替代就是用密文字母代替明文字母，在隐藏明文的同时还可以保持明文字母的位置不变；而置换则是通过重新排列明文中字母的顺序达到隐藏真实信息的目的。

2. 1949—1975 年的数据加密技术

1949 年，数学家、信息论的创始人香农（Claude Elwood Shannon）发表了 *Communication theory of secrecy systems*，即《保密系统通信理论》，这篇论文证明了密码学有着坚实的数学基础，为近代密码学建立了理论基础。同时计算机技术迅速发展，特别是计算机的运算能力有了大幅提升，这使得基于复杂计算的数据加密技术成为可能。计算机将数据加密技术从机械时代提升到了电子时代。特别是 20 世纪 70 年代中期，对计算机系统和网络进行加密的 DES（Data Encryption Standard，数据加密标准）由美国国家标准局颁布为国家标准，这是密码技术历史上一个具有里程碑意义的事件。

3. 1976 年至今的数据加密技术

1976 年，美国斯坦福大学的迪菲（Diffie）和赫尔曼（Hellman）两人发表了 *New Direction in Cryptography*，即《密码学的新方向》，把密钥分为加密公钥和解密私钥，这是密码学的一场革命，它是现代密码学的重大发明，将密码学引入了一个全新的方向。他们首先证明了在发送端和接收端无密钥传输的保密通信是可能的，从而开创了公钥密码学的新纪元。

这类密码的安全强度取决于它所依据的问题的计算复杂度。基于公钥概念的加密算法就是非对称密钥加密算法，这种加密算法有两个重要的原则：

第一，要求在加密算法和公钥都公开的前提下，其加密的密文必须是安全的。

第二，要求所有加密的人和掌握私人密钥的解密人，计算或处理都应比较简单，但对其他不掌握密钥的人，破译应是极其困难的。

随着计算机网络的发展，信息保密性要求的日益提高，非对称密钥加密算法体现出了对称密钥加密算法不可替代的优越性。近年来，非对称密钥加密算法和 PKI、数字签名、电子商务等技术相结合，保证了网上数据传输的机密性、完整性、有效性和不可否认性，在网络安全及信息安全方面发挥了巨大的作用。

除了公开密钥密码体制概念外，混沌理论对近年来的数据加密技术也产生了深远影响。混沌系统具有良好的伪随机性、轨道不可预测性、对初始状态及控制参数的敏感性等特性，而这些特性恰恰与密码学的很多要求是吻合的，因此 1990 年前后，当混沌理论开始流行时，混沌密码学也随之兴起。经过 30 多年的发展，基于混沌理论的混沌密码学已经成长为现代数据加密技术中的一个重要分支。混沌密码学的研究方向大致有两个：一类是以混沌同步技术为核心的混沌保密通信系统；另一类是利用混沌系统构造新的流密码和分组密码。

数据加密技术今后的研究重点将集中在以下三个方向：

① 继续完善非对称密钥加密算法。

② 综合使用对称密钥加密算法和非对称密钥加密算法，利用它们自身的优点弥补对方的缺点。

③ 随着笔记本计算机、移动硬盘、数码照相机等数码产品的流行，如何利用加密技术保护数码产品中信息的安全性与私密性，降低因丢失这些数码产品带来的经济损失也将成为数据加密技术的研究热点。

4.1.2　数据加密技术

将一个信息经过加密，变成无意义的密文，而接收方则将此密文经过解密还原成明文，这样的技术称为数据加密技术。

数据加密技术是网络信息安全的基础（如防火墙技术、入侵检测技术等都基于数据加密技术），也是保证信息安全的重要手段之一（保证信息的完整性、机密性、可用性、认证性）。

现在常用的数据加密技术有如下几类。

1．数字签名技术

数字签名是模拟现实生活中的笔迹签名，它要解决如何有效地防止通信双方的欺骗和抵赖行为。与加密不同，数字签名的目的是保证信息的完整性和真实性。

为使数字签名能代替传统的签名，必须保证能够实现以下功能：

① 接收者能够核实发送者对消息的签名。

② 签名具有不可否认性。

③ 接收者无法伪造对消息的签名。

2．数字证明书技术

数字证明书用来证明公开密钥的持有者是合法的。通过一个可信的第三方机构，审核用户的身份信息和公钥信息，然后进行数字签名。其他用户可以利用该可信第三方机构的公钥进行签名验证。从而确保用户的身份信息和公钥信息一一对应。由用户身份信息、用户公钥信息以及可信第三方机构所作的签名构成用户的身份数字证书。可信的第三方机构，一般称为数字证书认证中心（Certificate Authority，CA）。

3．身份认证技术

在网络环境中，通过对用户身份的控制来保障网络资源的安全性是一条非常重要的策略，主要采用的认证方法有三种：

① 基于主体特征的认证，如磁卡和 IC 卡、指纹、视网膜等信息。

② 口令机制，如一次性口令、加密口令、限定次数口令等。

③ 基于公开密钥的认证，如身份认证协议（Kerberos）、安全套接层协议（SSL）、安全电子交易协议（SET）。

4．防火墙技术

防火墙是专门用于保护网络内部安全的系统。其作用是：在某个指定内部网络（Intranet）和外部网络（Internet）之间构建网络通信的监控系统，用于监控所有进出网络的数据流和来访者，以达到保障网络安全的目的。根据预设的安全策略，防火墙对所有流通的数据流和来访者进行检查，符合安全标准的予以放行，不符合安全标准的一律拒之门外。

4.1.3　密码算法

随着信息化和数字化社会的发展，人们对信息安全和保密重要性的认识不断提高。密码系统由算法、所有可能的明文、密文和密钥组成。密码算法是用于加密和解密的数学函数，是密码协议的基础，用于保证信息的安全，提供鉴别、完整性、抗抵赖等服务。

假设通过网络发送消息 P（P 通常是明文数据包），使用密码算法隐藏 P 的内容可将 P 转化成密文，这个转化过程称为加密。与明文 P 相对应的密文 C 得到一个附加的参数 K，称为密钥。密文 C 的接收方为了恢复明文，需要另一个密钥 K^{-1} 完成反方向的运算，这个反向的过程称为解密。加密和解密的一般过程如图 4-1 所示。

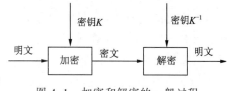

图 4-1　加密和解密的一般过程

根据密钥类型不同将现代密码技术分为两类：一类是对称加密（私钥密码加密）技术；另一类是非对称加密（公钥密码加密）技术。在对称加密技术中，数据加密和解密采用的都是同一个密钥，因而其安全性依赖于所持密钥的安全性。对称加密技术的主要优点是加密和解密速度快，加密强度高，且算法公开，但其最大的缺点是实现密钥的秘密分发困难，在大量用户的情况下密钥管理复杂，而且无法完成身份认证等功能，不便于应用在网络开放环境中。

在非对称加密技术中，加密密钥不同于解密密钥，而且在设想的长时间内不能根据加密密钥计算出解密密钥。非对称加密算法的加密密钥（称为公钥）可以公开，即陌生者可用加密密钥加密信息，但只有用相应的解密密钥（称为私钥）才能解密信息。使用非对称加密算法的每一个用户都拥有给予特定算法的一个密钥对（e，d），公钥 e 公开，公布于用户所在系统认证中心的目录服务器上，任何人都可以访问，私钥 d 为所有者严格保密与保管，两者不同。

4.2　对称加密算法

对称加密算法是应用较早的加密算法，技术成熟。在对称加密算法中，数据发信方将明文（原始数据）和加密密钥一起经过特殊加密算法处理后，使其变成复杂的加密密文发送出去。收信方收到密文后，若想解 0 读原文，则需要使用加密用过的密钥及相同算法的逆算法对密文进行解密，才能使其恢复成可读明文。在对称加密算法中，使用的密钥只有一个，发收信双方都使用这个密钥对数据进行加密和解密，这就要求解密方事先必须知道加密密钥。

对称加密采用了对称密码编码技术，它的特点是文件加密和解密使用相同的密钥，或加密密钥和解密密钥之间存在着确定的转换关系。这种方法在密码学中称为对称加密算法，其实质是设计一种算法，能在密钥控制下把 n 比特明文置换成唯一的 n 比特密文，并且这种变换是可逆的。

根据不同的加密方式，对称密码体制又有两种不同的实现方式，即分组密码和序列密码（流密码）。分组密码是加密密钥也可以用作解密密钥，对称加密算法使用起来简单快捷，密钥较短，且破译困难，除了数据加密标准（DES），另一个对称密钥加密系统是国际数据加密算法（IDEA），它比 DES 的加密性好，而且对计算机功能要求也没有那么高。IDEA 加密标准由 PGP（Pretty Good Privacy）系统使用。

4.2.1 分组密码

分组密码是将明文消息编码表示后的数字（简称明文数字）序列，划分成长度为 n 的组（可看成长度为 n 的矢量），每组分别在密钥的控制下变换成等长的输出数字（简称密文数字）序列。

现代分组密码的研究始于 20 世纪 70 年代中期，至今已有 40 多年的历史，这期间人们在这一研究领域取得了丰硕的研究成果。

分组密码的设计与分析是两个既相互对立又相互依存的研究方向，正是由于这种对立促进了分组密码的飞速发展。早期的研究基本上围绕 DES 进行，推出了许多类似于 DES 的密码，例如，LOKI、FEAL、GOST 等。进入 20 世纪 90 年代，人们对 DES 类密码的研究更加深入，特别是差分密码分析（Differential Cryptanalysis）和线性密码分析（Linear Cryptanalysis）的提出，迫使人们不得不研究新的密码结构。IDEA 密码的出现打破了 DES 类密码的垄断局面，IDEA 密码的设计思想是混合使用来自不同代数群中的运算。随后出现的 Square、Shark 和 Safer-64 都采用了结构非常清晰的代替-置换（SP）网络，每一轮由混淆层和扩散层组成。这种结构的最大优点是能够从理论上给出最大差分特征概率和最佳线性逼近优势的界，也就是密码对差分密码分析和线性密码分析是可证明安全的。

扩散（Diffusion）和扰乱（Confusion）是影响密码安全的主要因素。扩散的目的是让明文中的单个数字影响密文中的多个数字，从而使明文的统计特征在密文中消失，相当于明文的统计结构被扩散。

扰乱是指让密钥与密文的统计信息之间的关系变得复杂，从而增加通过统计方法进行攻击的难度。扰乱可以通过各种代换算法实现。

设计安全的分组加密算法，需要考虑对现有密码分析方法的抵抗，如差分分析、线性分析等，还需要考虑密码安全强度的稳定性。此外，用软件实现的分组加密要保证每个组的长度适合软件编程（如 8、16、32 等），尽量避免位置换操作，以及使用加法、乘法、移位等处理器提供的标准指令；从硬件实现的角度，加密和解密要在同一个器件上都可以实现，即加密解密硬件实现的相似性。

分组密码包括 DES、IDEA 等。

4.2.2 DES 算法

美国国家标准局 1973 年开始研究除国防部外其他部门的计算机系统的数据加密标准，于 1973 年 5 月 15 日和 1974 年 8 月 27 日先后两次向公众发出了征求加密算法的公告。加密算法要达到的目的（通常称为 DES 密码算法要求）主要有以下四点：

① 提供高质量的数据保护，防止数据未经授权的泄露和未被察觉的修改。

② 具有相当高的复杂性，使得破译的开销超过可能获得的利益，同时又要便于理解和掌握。

③ DES 密码体制的安全性应该不依赖于算法的保密，其安全性仅以加密密钥的保密为基础。

④ 实现经济、运行有效，并且适用于多种完全不同的应用。

目前在国内，随着三金工程尤其是金卡工程的启动，DES 算法在 POS、ATM、磁卡及智能卡（IC 卡）、加油站、高速公路收费站等领域被广泛应用，以此来实现关键数据的保密，如信用卡持卡人 PIN 的加密传输、IC 卡与 POS 间的双向认证、金融交易数据包的 MAC 检验等，均用到 DES 算法。

1. DES 算法过程

DES 算法是一种对二元数据进行加密的分组密码，数据分组长度为 64 位（8 B），该明文串为 $D_1D_2\cdots D_{64}$（D_i=0 或 1），密文分组长度也是 64 位，密钥长度为 64 位，其中有效密钥长度为 56 位，第 8、16、24、32、40、48、56、64 位为奇偶检验位。

DES 算法的入口参数有 3 个：Key、Data、Mode。其中，Key 为 8 字节，共 64 位，是 DES 算法的工作密钥；Data 为 8 字节，共 64 位，是要被加密（明文）或被解密（密文）的数据；Mode 为 DES 的工作方式，有两种，即加密或解密。

DES 算法的工作过程如下：如 Mode 为加密，则用 Key 把数据 Data 进行加密，生成 Data 的密文形式（64 位）作为 DES 的输出结果；如 Mode 为解密，则用 Key 把密码形式的数据 Data 解密，还原为 Data 的明文形式（64 位），作为 DES 的输出结果。在通信网络的两端，双方约定一致的 Key，在通信的源点用 Key 对核心数据进行 DES 加密，然后以密文形式在公共通信网（如电话网）中传输到通信网络的终点，数据到达目的地后，用同样的 Key 对密码数据进行解密，便再现了明文形式的核心数据。这样，便保证了核心数据（如 PIN、MAC 等）在公共通信网中传输的安全性和可靠性。

通过定期在通信网络的源端和目的端同时改用新的 Key，便能更进一步提高数据的保密性，这正是现在金融交易网络的流行做法。

2. DES 算法实现

DES 算法处理的数据对象是一组 64 位的明文串。设该明文串为 $D_1D_2\cdots D_{64}$（D_i=0 或 1）。明文串经过 64 位的密钥 K 来加密，最后生成长度为 64 位的密文 E。其加密过程如图 4-2 所示。

DES 算法加密过程的功能是把输入的 64 位数据块按位重新组合，并把输出分为 L_0、R_0 两部分，每部分各长 32 位，经过 IP 置换后，得到的比特串的下标列表见表 4-1。

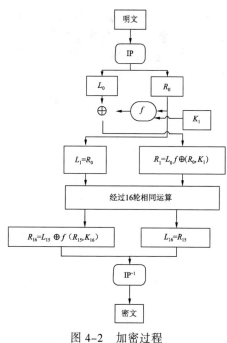

图 4-2　加密过程

表 4-1　经过 IP 置换后得到的比特串的下标列表

	58	50	42	34	26	18	10	2
	60	52	44	36	28	20	12	4
	62	54	46	38	30	22	14	6
IP	64	56	48	40	32	24	16	8
	57	49	41	33	25	17	9	1
	59	51	43	35	27	19	11	3
	61	53	45	37	29	21	13	5
	63	55	47	39	31	23	15	7

即将输入的第 58 位换到第一位，第 50 位换到第 2 位……依此类推，最后一位是原来的第 7 位。L_0、R_0 则是换位输出后的两部分，L_0 是输出的左 32 位，R_0 是右 32 位，例如，设置换前的输入值为 $D_1D_2D_3\cdots D_{64}$，则经过初始置换后的结果为 $L_0=D_{58}D_{50}\cdots D_8$；$R_0=D_{57}D_{49}\cdots D_7$。

R_0 子密钥 K_1（子密钥的生成将在后面讲）经过变换 $f(R_0,K_1)$（f 变换将在下面讲）输出 32 位的比特串 f_1，f_1 与 L_0 做不进位的二进制加法运算。运算规则为：

$$1\oplus 0=0\oplus 1=1 \qquad 0\oplus 0=1\oplus 1=0$$

f_1 与 L_0 做不进位的二进制加法运算后的结果赋给 R_1，R_0 则原封不动地赋给 L_1。L_1 与 R_0 又做与以上完全相同的运算，生成 L_2、R_2……一共经过 16 次运算，最后生成 R_{16} 和 L_{16}。其中 R_{16} 为 L_{15} 与 $f(R_{15},K_{16})$ 做不进位二进制加法运算的结果，L_{16} 是 R_{15} 的直接赋值。

R_{16} 与 L_{16} 合并成 64 位的比特串。注意 R_{16} 一定要排在 L_{16} 前面。R_{16} 与 L_{16} 合并后成 64 位的比特串，进行逆置换，即得到密文输出。逆置换正好是初始置换的逆运算，例如，第 1 位经过初始置换后，处于第 40 位，而通过逆置换，又将第 40 位换回到第 1 位，经过置换 IP^{-1} 后所得比特串的下标列表见表 4-2。

表 4-2　经过置换 IP^{-1} 后所得比特串的下标列表

	40	8	48	16	56	24	64	32
	39	7	47	15	55	23	63	31
	38	6	46	14	54	22	62	30
IP^{-1}	37	5	45	13	53	21	61	29
	36	4	44	12	52	20	60	28
	35	3	43	11	51	19	59	27
	34	2	42	10	50	18	58	26
	33	1	41	9	49	17	57	25

经过置换 IP^{-1} 后生成的比特串就是密文 e。

（1）$f(R_{i-1},K_i)$ 算法

它的功能是将 32 位的输入再转化为 32 位的输出，其过程如图 4-3 所示。

对 f 变换说明如下：输入 R_{i-1}（32 位）经过变换 E 后，膨胀为 48 位。膨胀后的比特串的下标列表见表 4-3。

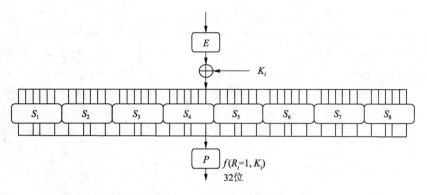

图 4-3 $f(R_{i-1},K_i)$算法

表 4-3 膨胀后的比特串的下标列表

	32	1	2	3	4	5
	4	5	6	7	8	9
	8	9	10	11	12	13
E	12	13	14	15	16	17
	16	17	18	19	20	21
	20	21	22	23	24	25
	24	25	26	27	28	29
	28	29	30	31	32	1

膨胀后的比特串分为 8 组，每组 6 位。各组经过各自的 S 盒后，又变为 4 位，合并后又成为 32 位。该 32 位经过 P 变换后，其下标列表见表 4-4。

表 4-4 经过 P 变换后下标列表

	16	7	20	21
	29	12	28	17
	1	15	23	26
P	5	18	31	10
	2	8	24	14
	32	27	3	9
	19	13	30	6
	22	11	4	25

经过 P 变换后输出的比特串才是 32 位的 $f(R_{i-1},K_i)$。

（2）选择函数 S_i

在 $f(R_i,K_i)$算法描述图中，S_1，S_2，…，S_8 为选择函数，其功能是把 6 位数据变为 4 位数据，见表 4-5。

表 4-5　选择函数 S_i

行		列															
		0	1	2	3	4	5	6	7	8	9	10	11	12	13	14	15
S_1	0	14	4	13	1	2	15	11	8	3	10	6	12	5	9	0	7
	1	0	15	7	4	14	2	13	1	10	6	12	11	9	5	3	8
	2	4	1	14	8	13	6	2	11	15	12	9	7	3	10	5	0
	3	15	12	8	2	4	9	1	7	5	11	3	14	10	0	6	13
S_2	0	15	1	8	14	6	11	3	4	9	7	2	13	12	0	5	10
	1	3	13	4	7	15	2	8	14	12	0	1	10	6	9	11	5
	2	0	14	7	11	10	4	13	1	5	8	12	6	9	3	2	15
	3	13	8	10	1	3	15	4	2	11	6	7	12	0	5	14	9
S_3	0	10	0	9	14	6	3	15	5	1	13	12	7	11	4	2	8
	1	13	7	0	9	3	4	6	10	2	8	5	14	12	11	15	1
	2	13	6	4	9	8	15	3	0	11	1	2	12	5	10	14	7
	3	1	10	13	0	6	9	8	7	4	15	14	3	11	5	2	12
S_4	0	7	13	14	3	0	6	9	10	1	2	8	5	11	12	4	15
	1	13	8	11	5	6	15	0	3	4	7	2	12	1	10	14	9
	2	10	6	9	0	12	11	7	13	15	1	3	14	5	2	8	4
	3	3	15	0	6	10	1	13	8	9	4	5	11	12	7	2	14
S_5	0	2	12	4	1	7	10	11	6	8	5	3	15	13	0	14	9
	1	14	11	2	12	4	7	13	1	5	0	15	10	3	9	8	6
	2	4	2	1	11	10	13	7	8	15	9	12	5	6	3	0	14
	3	11	8	12	7	1	14	2	13	6	15	0	9	10	4	5	3
S_6	0	12	1	10	15	9	2	6	8	0	13	3	4	14	7	5	11
	1	10	15	4	2	7	12	9	5	6	1	13	14	0	11	3	8
	2	9	14	15	5	2	8	12	3	7	0	4	10	1	13	11	6
	3	4	3	2	12	9	5	15	10	11	14	1	7	6	0	8	13
S_7	0	4	11	2	14	15	0	8	13	3	12	9	7	5	10	6	1
	1	13	0	11	7	4	9	1	10	14	3	5	12	2	15	8	6
	2	1	4	11	13	12	3	7	14	10	15	6	8	0	5	9	2
	3	6	11	13	8	1	4	10	7	9	5	0	15	14	2	3	12
S_8	0	13	2	8	4	6	15	11	1	10	9	3	14	5	0	12	7
	1	1	15	13	8	10	3	7	4	12	5	6	11	0	14	9	2
	2	7	11	4	1	9	12	14	2	0	6	10	13	15	3	5	8
	3	2	1	14	7	4	10	8	13	15	12	9	0	3	5	6	11

　　在此以 S_1 为例说明其功能，可以看到：在 S_1 中，共有 4 行数据，命名为 0、1、2、3 行；每行有 16 列，命名为 0，1，2，3，…，14，15 列。

　　现设输入为：$D = D_1D_2D_3D_4D_5D_6$

　　令：列 $= D_2D_3D_4D_5$

行 $= D_1D_6$

然后在 S_1 表中查得对应的数，以 4 位二进制表示，此即为选择函数 S_1 的输出。

（3）子密钥 K_i（48 位）的生成算法

64 位的密钥生成 16 个 48 位的子密钥，其生成过程如图 4-4 所示。

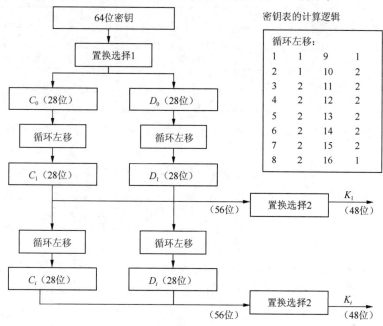

图 4-4　子密钥 K_i（48 位）的生成

从子密钥 K_i 的生成算法描述图中可以看到：初始 Key 值为 64 位，但 DES 算法规定，其中第 8，16，…，64 位是奇偶检验位，不参与 DES 运算。故 Key 实际可用位数便只有 56 位。经过置换选择 1 的变换后，Key 的位数变成了 56 位，此 56 位分为 C_0、D_0 两部分，各 28 位，然后分别进行第 1 次循环左移，得到 C_1、D_1，将 C_1（28 位）、D_1（28 位）合并得到 56 位，再经过置换选择 2，从而得到密钥 K_1（48 位）。依此类推，便可得到 K_2，K_3，…，K_{16}，64 位的密钥 K，经过 PC^{-1} 后，生成 56 位的串，其下标见表 4-6。

表 4-6　经过 PC^{-1} 变换后生成比特串的下标

	57	49	41	33	25	17	9
	1	58	50	42	34	26	18
	10	2	59	51	43	35	27
PC^{-1}	19	11	3	60	52	44	36
	63	55	47	39	31	23	15
	7	62	54	46	38	30	22
	14	6	61	53	45	37	29
	21	13	5	28	20	12	4

该比特串分为长度相等的比特串 C_0 和 D_0。然后 C_0 和 D_0 分别循环左移 1 位，得到 C_1 和 D_1。C_1 和 D_1 合并生成 C_1D_1。C_1D_1 经过 PC^{-2} 变换后即生成 48 位的 K_1。K_1 的下标见表 4-7。

表 4-7　C_1D_1 经过 PC^{-2} 变换后生成比特串的下标

	14	17	11	24	1	5
	3	28	15	6	21	10
	23	19	12	4	26	8
PC^{-2}	16	7	27	20	13	2
	41	52	31	37	47	55
	30	40	51	45	33	48
	44	49	39	56	34	53
	46	42	50	36	29	32

C_1、D_1 分别循环左移 LS_2 位，再合并，经过 PC^{-2}，生成子密钥 K_2，依此类推，直至生成子密钥 K_{16}。

不过需要注意的是，16 次循环左移对应的左移位数 LS_i（$i=1$，2，…，16）的数值是不同的，要依据下述规则进行：

迭代顺序	1	2	3	4	5	6	7	8	9	10	11	12	13	14	15	16
左移位数	1	1	2	2	2	2	2	2	1	2	2	2	2	2	2	1

以上介绍了 DES 算法的加密过程。DES 算法的解密过程是一样的，区别仅仅在于第一次迭代时用子密钥 K_{16}，第二次用 K_{15}，……，最后一次用 K_1，算法本身并没有任何变化。

3．DES 算法的应用

DES 算法具有极高安全性，到目前为止，除了用穷举搜索法对 DES 算法进行攻击外，还没有发现更有效的办法。而 56 位长的密钥的穷举空间为 2^{56}，这意味着如果一台计算机的速度是每秒检测一百万个密钥，则它搜索完全部密钥就需要将近 2 285 年的时间，可见，这是难以实现的，当然，随着科学技术的发展，当出现超高速计算机后，可考虑把 DES 密钥的长度再增长一些，以此来达到更高的保密程度。

由上述 DES 算法介绍可以看到：DES 算法中只用到 64 位密钥中的 56 位，而第 8,16,24,…，64 位 8 个位并未参与 DES 运算，这一点，向用户提出了一个应用上的要求，即 DES 的安全性是基于除了 8，16，24，…，64 位外的其余 56 位的组合变化才得以保证的。因此，在实际应用中，应避开使用第 8，16，24，…，64 位作为有效数据位，而使用其他 56 位作为有效数据位，才能保证 DES 算法安全可靠地发挥作用。如果不了解这一点，把密钥 Key 的 8，16，24，…，64 位作为有效数据使用，将不能保证 DES 加密数据的安全性，对运用 DES 来达到保密作用的系统产生数据被破译的危险，这正是 DES 算法在应用上的误区，留下了被人攻击、被人破译的极大隐患。

4.2.3　IDEA 算法

IDEA（International Data Encryption Algorithm）是由瑞士学者 James Massey 和上海交通大学教授来学嘉等人提出的加密算法，在密码学中属于数据块加密算法（Block Cipher）类。IDEA 使用长度为 128 位的密钥，数据块大小为 64 位。从理论上讲，IDEA 属于"强"加密算法，至今还没有出现对该算法的有效攻击算法。

IDEA 设计了一系列加密轮次，每轮加密都使用从完整的加密密钥中生成的一个子密钥。与 DES 的不同处在于，它采用软件实现和采用硬件实现同样快速。

IDEA 是一种由 8 个相似圈（Round）和一个输出变换（Output Transformation）组成的迭代算法。IDEA 的每个圈都由三种函数：模（$2^{16}+1$）乘法、模 2^{16} 加法和按位 XOR 组成。

在加密之前，IDEA 通过密钥扩展（Key Expansion）将 128 位的密钥扩展为 52 B 的加密密钥 EK（Encryption Key），然后由 EK 计算出解密密钥 DK（Decryption Key）。EK 和 DK 分为 8 组半密钥，每组长度为 6 B，前 8 组密钥用于 8 圈加密，最后半组密钥（4 B）用于输出变换。IDEA 的加密过程和解密过程是一样的，只不过使用不同的密钥（加密时用 EK，解密时用 DK）。

1. IDEA 算法概述

IDEA 是一个迭代分组密码，分组长度为 64 位，密钥长度为 128 位。IDEA 算法是由 8 轮迭代和随后的一个输出变换组成。它将 64 位数据分成 4 个子块，每个 16 位，令这 4 个子块作为迭代第一轮的输出，全部共 8 轮迭代。每轮迭代都是 4 个子块彼此间以及 16 位的子密钥进行异或，模 2^{16} 加运算，模 $2^{16}+1$ 乘运算。除最后一轮外把每轮迭代输出的 4 个子块的第 2 和第 3 子块互换。该算法所需要的"混淆"可通过连续使用 3 个"不相容"的群运算与两个 16 位子块来获得，并且该算法选择使用的 MA−（乘加）结构可提供必要的"扩散"。

2. IDEA 算法的具体描述

用户输入 128 位长密钥 Key = $k_1k_2k_3\cdots k_{127}k_{128}$，IDEA 总共进行 8 轮迭代操作，每轮需要 6 个子密钥，另外还需要 4 个额外子密钥，所以总共需要 52 个子密钥，这 52 个子密钥都是从用户输入的 128 位密钥中扩展出来的。

首先把输入的 Key 分成 8 个 16 位的子密钥，1~6 号子密钥供第一轮加密使用，7~8 号子密钥供第二轮使用，然后把这个 128 位密钥循环左移 25 位，这样 Key = $k_{26}k_{27}k_{28}\cdots k_{24}k_{25}$ 把新生成的 Key 再分成 8 个 16 位的子密钥，1~4 号子密钥供第二轮加密使用（前面已经提供了两个），5~8 号子密钥供第三轮加密使用，至此已经得到 16 个子密钥，如此继续，当循环左移 5 次之后已经生成了 48 个子密钥，还有 4 个额外的子密钥需要生成，再次把 Key 循环左移 25 位，选取划分出来的 8 个 16 位子密钥的前 4 个作为那 4 个额外的加密密钥，供加密使用的 52 个子密钥生成完毕。

IDEA 算法相对来说是一个比较新的算法，其安全性研究也在进行之中。在 IDEA 算法公布后不久，就有学者指出：IDEA 的密钥扩展算法存在缺陷，导致在 IDEA 算法中存在大量弱密钥类，但这个弱点通过简单的修改密钥扩展算法（加入异或算子）即可克服。在 1997 年的 EuroCrypt'97 年会上，John Borst 等人提出了对圈数减少的 IDEA 的两种攻击算法：对 3.5 圈 IDEA 的截短差分攻击(Truncate Differential Attack)和对 3 圈 IDEA 的差分线性攻击(Differential Linear Attack)。但这两种攻击算法对整 8.5 圈的 IDEA 算法不可能取得实质性的攻击效果。目前尚未出现新的攻击算法，一般认为攻击整 8.5 圈 IDEA 算法唯一有效的方法是穷尽搜索 128 位的密钥空间。

目前 IDEA 在工程中已有大量应用实例，PGP（Pretty Good Privacy）就使用 IDEA 作为其分组加密算法；安全套接字层 SSL 也将 IDEA 包含在其加密算法库 SSLRef 中；IDEA 算法专利的所有者 Ascom 公司也推出了一系列基于 IDEA 算法的安全产品，包括：基于 IDEA 的 Exchange 安全插件、IDEA 加密芯片、IDEA 加密软件包等。IDEA 算法的应用和研究正在不断走向成熟。

4.2.4　序列密码

序列密码又称流密码（Stream Cipher），它是对称加密算法的一种。序列密码具有实现简单、便于硬件实施、加解密处理速度快、没有或只有有限的错误传播等特点，因此在实际应用中，特别是专用或机密机构中保持着优势，典型的应用领域包括无线通信、外交通信。1949年，香农证明了只有一次一密的密码体制是绝对安全的，这给序列密码技术的研究以强大的支持，序列密码方案的发展是模仿一次一密系统的尝试，或者说"一次一密"的密码方案是序列密码的雏形。如果序列密码所使用的是真正随机方式的、与消息流长度相同的密钥流，则此时的序列密码就是一次一密的密码体制。若能以一种方式产生一随机序列（密钥流），这一序列由密钥所确定，则利用这样的序列就可以进行加密，即将密钥、明文表示成连续的符号或二进制，对应地进行加密，加解密时一次处理明文中的一位或几位。

分组密码以一定大小作为每次处理的基本单元，而序列密码则是以一个元素（一个字母或一个位）作为基本的处理单元。

序列密码是一个随时间变化的加密变换，具有转换速度快、低错误传播的优点，硬件实现电路更简单；其缺点是低扩散（意味着混乱不够）、插入及修改的不敏感性。

分组密码使用的是一个不随时间变化的固定变换，具有扩散性好、插入敏感等优点；其缺点是加解密处理速度慢、存在错误传播。

序列密码涉及大量的理论知识，提出了众多的设计原理，也得到了广泛的分析，但许多研究成果并没有完全公开，这也许是因为序列密码目前主要应用于军事和外交等机密部门的缘故。目前，公开的序列密码算法主要有 RC4、SEAL 等。

4.3　非对称加密技术

1976年，美国学者为解决信息公开传送和密钥管理问题，提出一种新的密钥交换协议，允许在不安全的媒体上的通信双方交换信息，安全地达成一致的密钥，这就是"公开密钥系统"。相对于"对称加密算法"，这种方法又称"非对称加密算法"。与对称加密算法不同，非对称加密算法需要两个密钥：公开密钥（Public Key）和私有密钥（Private Key）。公开密钥与私有密钥是一对，如果用公开密钥对数据进行加密，只有用对应的私有密钥才能解密；如果用私有密钥对数据进行加密，那么只有用对应的公开密钥才能解密。因为加密和解密使用的是两个不同的密钥，所以这种算法称为非对称加密算法。

RSA 公钥加密算法是 1977 年由罗纳德·李维斯特（Ronald Rivest）、阿迪·萨莫尔（Adi Shamir）和伦纳德·阿德曼（Leonard Adleman）一起提出的。RSA 是目前最有影响力的公钥加密算法，它能够抵抗到目前为止已知的绝大多数密码攻击，已被 ISO 推荐为公钥数据加密标准。

RSA 算法是第一个能同时用于加密和数字签名的算法，也易于理解和操作。RSA 是被研究得最广泛的公钥算法，从提出至今，经历了各种攻击的考验，逐渐为人们接受，普遍认为是目前最优秀的公钥方案之一。

RSA 算法基于一个十分简单的数论事实：将两个大素数相乘十分容易，但想要对其乘积进行因式分解却极其困难，因此可以将乘积公开作为加密密钥。

4.3.1　RSA 基础知识

RSA 算法一直是最广为使用的"非对称加密算法"。这种算法非常可靠，密钥越长，越难破解。在了解 RSA 算法的原理之前首先介绍用到的数学基础知识。

1. 互质关系

如果两个正整数，除 1 以外，没有其他公因子，就称这两个数是互质关系（Coprime）。由互质关系，可以得到以下结论：

① 任意两个质数构成互质关系，比如 11 和 23。

② 一个数是质数，另一个数只要不是该质数的倍数，两者就构成互质关系，比如 5 和 18。

③ 如果两个数中较大的数是质数，则两者构成互质关系，比如 43 和 20。

④ 1 和任意一个自然数都是互质关系，比如 1 和 50。

⑤ p 是大于 1 的整数，则 p 和 $p-1$ 构成互质关系，比如 100 和 99。

⑥ p 是大于 1 的奇数，则 p 和 $p-2$ 构成互质关系，比如 21 和 19。

2. 欧拉函数

任意给定正整数 n，把 $\{1, \cdots, n-1\}$ 中与 n 互素（互质）的个数记作 $\varphi(n)$，称为欧拉函数。下面讨论计算 $\varphi(n)$ 的公式。

① 如果 $n=1$，则 $\varphi(1) = 1$。因为 1 与任何数（包括自身）都构成互质关系。

② 如果 n 是质数，则 $\varphi(n)=n-1$。因为质数与小于它的每一个数，都构成互质关系。比如 5 与 1、2、3、4 都构成互质关系。

③ 如果 n 是质数的某一个次方，即 $n=p^k$（p 为质数，k 为大于或等于 1 的整数），则 $\varphi(p^k)=p^{k-1}$，比如 $\varphi(8)= \varphi(2^3)=2^3-2^2=8-4=4$，这是因为只有当一个数不包含质数 p，才可能与 n 互质。而包含质数 p 的数一共有 p^{k-1} 个，即 $1\times p$, $2\times p$, $3\times p$, $\cdots$, $p^{k-1}\times p$，把它们去除，剩下的就是与 n 互质的数。

上面的式子还可以写成下面的形式

$$\varphi(p^k) = p^k - p^{k-1} = p^k \left(1 - \frac{1}{p}\right)$$

可以看出，上面的第二种情况是 $k=1$ 时的特例。

④ 如果 n 可以分解成两个互质的整数之积，即 $n = p_1 \times p_2$，

则
$$\varphi(n) = \varphi(p_1 p_2) = \varphi(p_1)\varphi(p_2)$$
即积的欧拉函数等于各个因子的欧拉函数之积。

⑤ 因为任意一个大于 1 的正整数，都可以写成一系列质数的积。

$$n = p_1^{k_1} p_2^{k_2} \cdots p_r^{k_r}$$

根据第④条的结论，得到

$$\varphi(n) = \varphi(p_1^{k_1})\, \varphi(p_2^{k_2}) \cdots \varphi(p_r^{k_r})$$

再根据第③条的结论，得到

$$\varphi(n) = p_1^{k_1} p_2^{k_2} \cdots p_r^{k_r} \left(1 - \frac{1}{p_1}\right)\left(1 - \frac{1}{p_2}\right) \cdots \left(1 - \frac{1}{p_r}\right)$$

也就等于

$$\varphi(n) = n\left(1 - \frac{1}{p_1}\right)\left(1 - \frac{1}{p_2}\right) \cdots \left(1 - \frac{1}{p_r}\right)$$

这就是欧拉函数的通用计算公式。比如，1323 的欧拉函数计算过程为

$$\varphi(1323) = \varphi(3^3 \times 7^2) = 1323 \times \left(1 - \frac{1}{3}\right) \times \left(1 - \frac{1}{7}\right) = 756$$

3. 欧拉定理

如果两个正整数 a 和 n 互素，则

$$a^{\varphi(n)} = 1 (\bmod\ n)$$

也就是说，a 的 $\varphi(n)$ 次方被 n 除的余数为 1。比如，3 和 7 互质，而 7 的欧拉函数 $\varphi(7)$ 等于 6，所以 3 的 6 次方（729）减去 1，可以被 7 整除（728/7=104）。

欧拉定理可以大大简化某些运算。比如，7 和 10 互质，根据欧拉定理

$$7^{\varphi(10)} = 1 (\bmod\ 10)$$

已知 $\varphi(10)$ 等于 4，所以马上得到 7 的 4 倍数次方的个位数肯定是 1。

$$7^{4k} = 1 (\bmod\ 10)$$

欧拉定理有一个特殊情况，假设正整数 a 与质数 p 互质，因为质数 p 的 $\varphi(p)$ 等于 $p-1$，则欧拉定理可以写成

$$a^{p-1} = 1 (\bmod\ p)$$

这就是著名的费马小定理。它是欧拉定理的特例。欧拉定理是 RSA 算法的核心。理解了这个定理，就可以理解 RSA。

4. 模反元素

如果两个正整数 a 和 n 互质，那么一定可以找到整数 b，使得 $ab - 1$ 被 n 整除，或者说 ab 被 n 除的余数是 1。

$$ab = 1 (\bmod\ n)$$

这时，b 称为 a 的"模反元素"。比如，3 和 11 互质，那么 3 的模反元素就是 4，因为 (3×4) − 1 可以被 11 整除。显然，模反元素不止一个，4 加减 11 的整数倍都是 3 的模反元素 {…，−18，−7，4，15，26，…}，即如果 b 是 a 的模反元素，则 $b + k_n$ 都是 a 的模反元素。

欧拉定理可以用来证明模反元素必然存在。

$$a^{\varphi(n)} = a \times a^{\varphi(n)-1} = 1 (\bmod\ n)$$

可以看到，a 的 $\varphi(n)-1$ 次方，就是 a 的模反元素。

4.3.2　RSA 算法公钥和私钥的生成

下面介绍公钥和私钥到底是怎么生成的。可以通过一个例子来理解 RSA 算法。假设 A 要与 B 进行加密通信，该怎么生成公钥和私钥呢？

① 随机选择两个不相等的质数 p 和 q。

假设 A 选择了 3 和 11（实际应用中，这两个质数越大，就越难破解）。

② 计算 p 和 q 的乘积 n。

$$n=3×11=33$$

n 的长度就是密钥长度。33 写成二进制是 100001，一共有 6 位，所以这个密钥就是 6 位。实际应用中，RSA 密钥一般是 1 024 位，重要场合则为 2 048 位。

③ 计算 n 的欧拉函数 $\varphi(n)$。

根据公式

$$\varphi(n)=(p-1)(q-1)$$

计算出 $\varphi(33)$ 等于 $2×10$，即 20。

④ 随机选择一个整数 e，条件是 $1< e <\varphi(n)$，且 e 与 $\varphi(n)$ 互质。

假设在 1 到 20 之间，随机选择了 7（实际应用中，常常选择 65 537）。

⑤ 计算 e 对于 $\varphi(n)$ 的模反元素 d。

$$ed \equiv 1 \ (\mathrm{mod} \ \varphi(n))$$

这个式子等价于

$$ed-1 = k\varphi(n)$$

已知 $e=7$，$\varphi(n)=20$，则

$$7d-20k = 1$$

可以算出一组整数解为 $(d,k)=(3,1)$，即 $d=3$。

⑥ 将 n 和 e 封装成公钥，n 和 d 封装成私钥。

在本例中，$n=33$，$e=7$，$d=3$，所以公钥就是 $(n,e)= (33,7)$，私钥就是 $(n,d)=(33,3)$。

实际应用中，公钥和私钥的数据都采用 ASN.1 格式表达。

4.3.3 加密和解密

有了公钥和密钥，就能进行加密和解密了。

RSA 密码算法，首先将明文数字化，然后把明文分成若干段，每一个明文段的值小于 n，对每一个明文段 m。

加密算法：$c=E(m)=m^e \mathrm{mod} \ n$

解密算法：$m=D(c)=c^d \mathrm{mod} \ n$

1. 加密要用公钥 (n,e)

假设 Bob 要向 Alice 发送加密信息 m，Bob 就要用 Alice 的公钥 (n,e) 对 m 进行加密。这里需要注意，m 必须是整数，且 m 必须小于 n。

所谓"加密"，就是算出下式的 c

$$m^e \equiv c \ (\mathrm{mod} \ n)$$

Alice 的公钥是 $(33, 7)$，Bob 的 m 假设是 19，那么可以算出下面的等式

$$19^7 \equiv 13\mathrm{mod}(33)$$

于是，c 等于 13，Bob 就把 13 发给了 Alice。

2．解密要用私钥(*n*,*d*)

Alice 拿到 Bob 发来的 13 以后，就用自己的私钥(33, 3) 进行解密。可以证明，下面的等式一定成立

$$c^d \equiv m \pmod{n}$$

也就是说，*c* 的 *d* 次方除以 *n* 的余数为 *m*。现在，*c* 等于 13，私钥是(33, 3)，那么，Alice算出

$$13^3 \equiv 19 \pmod{33}$$

因此，Alice 知道了 Bob 加密前的原文为 19。至此，"加密–解密"的整个过程全部完成。

可以看到，如果不知道 *d*，就没有办法从 *c* 求出 *m*。而前面已经说过，要知道 *d* 就必须分解 *n*，这是极难做到的，所以 RSA 算法保证了通信安全。

4.3.4 RSA 算法的特性

1．可靠性

上面的密钥生成步骤，一共出现六个数字：*p*，*q*，*n*，*φ*(*n*)，*e*，*d*。这六个数字之中，公钥用到了两个（*n* 和 *e*），其余四个数字都是不公开的。其中最关键的是 *d*，因为 *n* 和 *d* 组成了私钥，一旦 *d* 泄露，就等于私钥泄露。但是大整数的因数分解，是一件非常困难的事情。目前，除了暴力破解，还没有其他有效的方法。对极大整数做因数分解的难度决定了 RSA 算法的可靠性，因数分解愈困难，RSA 算法愈可靠。

假如有人找到一种快速因数分解的算法，那么 RSA 的可靠性就会极度下降。但找到这样算法的可能性是非常小的。只要密钥长度足够长，用 RSA 加密的信息实际上是不能被破解的。

2．安全性

RSA 的安全性依赖于大数分解，但是否等同于大数分解一直未能得到理论上的证明，因为没有证明破解 RSA 就一定需要做大数分解。假设存在一种无须分解大数的算法，那它肯定可以修改成大数分解算法。RSA 的一些变种算法已被证明等价于大数分解。不管怎样，分解 *n* 是最显然的攻击方法。人们已能分解多个十进制位的大素数。因此，模数 *n* 必须选大一些，因具体适用情况而定。

3．速度

由于进行的都是大数计算，使得 RSA 最快的情况也比 DES 慢得多，无论是软件还是硬件实现。速度一直是 RSA 的缺陷。一般来说只用于少量数据加密。RSA 的速度是对应同样安全级别的对称密码算法的 1/1 000 左右。

目前国内已经有学者提出了公钥密码等功耗编码的综合优化方法，佐证了安全性和效率的可兼顾性。截至目前，研究团队已针对著名公钥密码算法 RSA 的多种实现算法和方式成功实施了计时攻击、简单功耗和简单差分功耗分析攻击，实验验证了多种防御方法，包括"等功耗编码"方法的有效性，并完成了大规模功耗分析自动测试平台的自主开发。

4．缺点

RSA 算法也有一些缺点。

① RSA 算法产生密钥很麻烦，受到素数产生技术的限制，因而难以做到一次一密。

② RSA 的安全性依赖于大数的因数分解，但并没有从理论上证明破译 RSA 的难度与大数分解难度等价，而且密码学界多数人士倾向于因数分解不是 NP 问题。现今，人们已能分解 140 多个十进制位的大素数，这就要求使用更长的密钥，速度更慢；另外，人们正在积极寻找攻击 RSA 的方法，如选择密文攻击，一般攻击者是将某一信息进行伪装（Blind），让拥有私钥的实体签署。然后，经过计算就可得到它所想要的信息。这个固有的问题来自公钥密码系统的最有用的特征——每个人都能使用公钥。但从算法上无法解决这一问题，主要措施有两条：一条是采用好的公钥协议，保证工作过程中一实体不对其他实体任意产生的信息解密，不对自己一无所知的信息签名；另一条是决不对陌生人送来的随机文档签名，签名时首先使用 One-Way Hash Function 对文档做 Hash 处理，或同时使用不同的签名算法。除了利用公共模数，人们还尝试一些利用解密指数或 $\varphi(n)$ 等攻击。

③ 速度太慢，由于 RSA 的分组长度太大，为保证安全性，n 至少也要 600 位以上，使运算代价很高，尤其是速度较慢，较对称密码算法慢几个数量级；且随着大数分解技术的发展，这个长度还在增加，不利于数据格式的标准化。SET（Secure Electronic Transaction）协议中要求 CA 采用 2 048 位长的密钥，其他实体使用 1 024 位的密钥。为了速度问题，人们广泛使用单、公钥密码结合使用的方法，优缺点互补：单钥密码加密速度快，人们用它来加密较长的文件，然后用 RSA 给文件密钥加密，极好地解决了单钥密码的密钥分发问题。

4.4 密 钥 管 理

密钥，即密匙，一般泛指生产、生活所应用到的各种加密技术，能够对个人资料、企业机密进行有效监管，密钥管理就是指对密钥进行管理的行为，如加密、解密、破解等。

密钥管理包括从密钥的产生到密钥的销毁的各个方面，主要表现于管理体制、管理协议和密钥的产生、分配、更换和注入等。对于军用计算机网络系统，由于用户机动性强，隶属关系和协同作战指挥等方式复杂，因此，对密钥管理提出了更高的要求。

4.4.1 密钥管理内容

1. 密钥生成

密钥长度应该足够长。一般来说，密钥长度越大，对应的密钥空间就越大，攻击者使用穷举猜测密码的难度就越大。选择密钥时应选择好密钥，避免弱密钥。由自动处理设备生成的随机的比特串是好密钥。对公钥密码体制来说，密钥生成更加困难，因为密钥必须满足某些数学特征。密钥生成可以通过在线或离线的交互协商方式实现，如密码协议等。

2. 密钥分发

采用对称加密算法进行保密通信，需要共享同一密钥。通常是系统中的一个成员先选择一个秘密密钥，然后将它传送给另一个成员或别的成员。X9.17 标准描述了两种密钥：密钥加密密钥和数据密钥。密钥加密密钥加密其他需要分发的密钥；而数据密钥只对信息流进行加密。密钥加密密钥一般通过手工分发。为增强保密性，也可以将密钥分成许多不同的部分然后用不同的信道发送出去。

3．密钥验证

密钥附着一些检错和纠错位来传输，当密钥在传输中发生错误时，能很容易地被检查出来，并且如果需要，密钥可被重传。

接收端也可以验证接收的密钥是否正确。发送方用密钥加密一个常量，然后把密文的前 2～4 字节与密钥一起发送。在接收端，做同样的工作，如果接收端解密后的常数能与发送端常数匹配，则传输无错。

4．密钥更新

当密钥需要频繁改变时，频繁进行新的密钥分发的确是困难的事，一种更容易的解决办法是从旧的密钥中产生新的密钥，有时称为密钥更新。可以使用单向函数进行更新密钥。如果双方共享同一密钥，并用同一个单向函数进行操作，就会得到相同的结果。

5．密钥存储

密钥可以存储在脑、磁条卡、智能卡中。也可以把密钥平分成两部分，一半存入终端一半存入 ROM 密钥。还可采用类似于密钥加密密钥的方法对难以记忆的密钥进行加密保存。

6．密钥备份

密钥的备份可以采用密钥托管、秘密分割、秘密共享等方式。最简单的方法，是使用密钥托管中心。密钥托管要求所有用户将自己的密钥交给密钥托管中心，由密钥托管中心备份保管密钥（如锁在某个地方的保险柜里或用主密钥对它们进行加密保存），一旦用户的密钥丢失（如用户遗忘了密钥或用户意外死亡），按照一定的规章制度，可从密钥托管中心索取该用户的密钥。另一个备份方案是用智能卡作为临时密钥托管。如 Alice 把密钥存入智能卡，当 Alice 不在时就把它交给 Bob，Bob 可以利用该卡进行 Alice 的工作，当 Alice 回来后，Bob 交还该卡，由于密钥存放在卡中，所以 Bob 不知道密钥是什么。

秘密分割把秘密分割成许多碎片，每一片本身并不代表什么，但把这些碎片放到一块，秘密就会重现出来。

一个更好的方法是采用一种秘密共享协议。将密钥 K 分成 n 块，每部分称为它的"影子"，知道任意 m 个或更多的块就能够计算出密钥 K，知道任意 $m-1$ 个或更少的块都不能够计算出密钥 K，这称为（m,n）门限（阈值）方案。目前，人们基于拉格朗日内插多项式法、射影几何、线性代数、孙子定理等提出了许多秘密共享方案。

秘密共享解决了两个问题：一是若密钥偶然或有意地被暴露，整个系统就易受到攻击；二是若密钥丢失或损坏，系统中的所有信息就不能用了。

7．密钥有效期

加密密钥不能无限期使用，有以下几个原因：密钥使用时间越长，其泄露机会就越大；如果密钥已泄露，那么密钥使用越久，损失就越大；密钥使用越久，人们花费精力破译它的诱惑力就越大——甚至采用穷举攻击法；对用同一密钥加密的多个密文进行密码分析一般比较容易。

不同密钥应有不同有效期。数据密钥的有效期主要依赖数据的价值和给定时间里加密数据的数量。价值与数据传送率越大所用的密钥更换越频繁。

密钥加密密钥无须频繁更换，因为它们只是偶尔地用作密钥交换。在某些应用中，密钥加密密钥仅一月或一年更换一次。

　　用来加密保存数据文件的加密密钥不能经常变换。通常是每个文件用唯一的密钥加密，然后再用密钥加密密钥把所有密钥加密，密钥加密密钥要么被记忆下来，要么保存在一个安全地点。当然，丢失该密钥意味着丢失所有文件加密密钥。

　　公开密钥密码应用中的私钥的有效期是根据应用的不同而变化的。用作数字签名和身份识别的私钥必须持续数年，用作抛掷硬币协议的私钥在协议完成之后就应该立即销毁。即使期望密钥的安全性持续终身，两年更换一次密钥也是要考虑的。旧密钥仍需保密，以防用户需要验证从前的签名。但是新密钥将用作新文件签名，以减少密码分析者所能攻击的签名文件数目。

　　8．密钥销毁

　　如果密钥必须替换，旧密钥就必须销毁，密钥必须物理地销毁。

4.4.2　管理技术

　　1．对称密钥管理

　　对称加密是基于共同保守秘密来实现的。采用对称加密技术的贸易双方必须保证采用的是相同的密钥，要保证彼此密钥的交换是安全可靠的，同时还要设定防止密钥泄密和更改密钥的程序。这样，对称密钥的管理和分发工作将变成一件潜在危险的和烦琐的过程。通过公开密钥加密技术实现对称密钥的管理使相应的管理变得简单和更加安全，同时还解决了纯对称密钥模式中存在的可靠性问题和鉴别问题。贸易方可以为每次交换的信息（如每次的 EDI 交换）生成唯一一把对称密钥并用公开密钥对该密钥进行加密，然后将加密后的密钥和用该密钥加密的信息（如 EDI 交换）一起发送给相应的贸易方。由于对每次信息交换都对应生成了唯一一把密钥，因此各贸易方就不再需要对密钥进行维护和担心密钥的泄露或过期。这种方式的另一优点是，即使泄露了一把密钥也只会影响一笔交易，而不会影响到贸易双方之间所有的交易关系。这种方式还提供了贸易伙伴间发布对称密钥的一种安全途径。

　　2．公开密钥管理/数字证书

　　贸易伙伴间可以使用数字证书（公开密钥证书）来交换公开密钥。国际电信联盟（ITU）制定的标准 X.509 对数字证书进行了定义。该标准等同于国际标准化组织（ISO）与国际电工委员会（IEC）联合发布的 ISO/IEC 9594-8：1995 标准。数字证书通常包含有唯一标识证书所有者（即贸易方）的名称、唯一标识证书发布者的名称、证书所有者的公开密钥、证书发布者的数字签名、证书的有效期及证书的序列号等。证书发布者一般称为证书管理机构（CA），它是贸易各方都信赖的机构。数字证书能够起到标识贸易方的作用，是目前电子商务广泛采用的技术之一。

　　3．密钥管理相关的标准规范

　　目前国际有关的标准化机构都着手制定关于密钥管理的技术标准规范。ISO 与 IEC 下属的信息技术委员会（JTC1）已起草了关于密钥管理的国际标准规范。该规范主要由三部分组成：一是密钥管理框架；二是采用对称技术的机制；三是采用非对称技术的机制。该规范现已进入国际标准草案表决阶段，并将很快成为正式的国际标准。

4.5　电子邮件加密软件 PGP

自从互联网普及以来，电子邮件在人们的工作和生活中的地位越来越高。有时候我们会通过电子邮件传送比较重要的信息，然而电子邮件通过开放的网络传输，网络上的其他人都可以监听或者截取邮件来获得邮件的内容，因而邮件的安全问题令人担忧。要解决这些问题，目前最好的办法是对电子邮件进行加密。PGP（Pretty Good Privacy）就是主要应用于电子邮件和文件的加密软件。

PGP（Pretty Good Privacy）是一个基于 RSA 公钥加密体系的邮件加密软件。采用了一种 RSA 和传统加密的杂合算法，用于数字签名的邮件文摘算法，加密前压缩等，还有一个良好的人机工程设计。PGP 能够提供独立计算机上的信息保护功能，使得这个保密系统更加完备。可以用它对邮件保密，以防止非授权者阅读，它还能对邮件加上数字签名从而使收信人可以确认邮件的发送者，并能确信邮件没有被篡改。它可以提供一种安全的通信方式，而事先并不需要任何保密的渠道来传递密钥。PGP 功能强大，速度很快，可以用来接管用户的共享文件夹本身以及其中的文件，安全性远远高于操作系统本身提供的账号验证功能。

PGP 本身并不是一种加密算法，它将一些加密算法（如 RSA、IDEA、AES 等）综合在一起，实现了一个完整的安全软件包。PGP 主要是由 Philip R. Zimmermann 开发的，他选择比较好的算法，如 RSA、IDEA 等作为加密算法的基础构件；将这些算法集成于一个便于用户使用的应用程序中；制作了软件包及其文档，且源代码免费公开。现在用户可以在 www.pgp.com 下载 PGP。

1. PGP 的工作原理

PGP 结合了一些大部分人认为很安全的算法，包括传统的对称密钥加密算法和公开密钥算法，充分利用这两类加密算法的特性，实现了鉴别、加密、压缩等。PGP 密钥体系包含对称加密算法（IDEA）、非对称加密算法（RSA）、单向散列算法（MD5）以及随机数产生器（从用户击键频率产生伪随机数序列的种子），每种算法都是 PGP 不可分割的组成部分。

当发送者用 PGP 加密一段明文时，PGP 首先压缩明文，然后建立一个一次性会话密钥，采用传统的对称加密算法（如 AES 等）加密刚才压缩后的明文，产生密文。然后用接收者的公开密钥加密刚才的一次性会话密钥，随同密文一同传输给接收方。接收方首先用私有密钥解密，获得一次性会话密钥，最后用这个密钥解密密文。

PGP 结合了常规密钥加密和公开密钥加密算法，一是时间上的考虑，对称加密算法比公开密钥加密速度快大约 10 000 倍；二是公开密钥解决了会话密钥分配问题，因为只有接收者才能用私有密钥解密一次性会话密钥。PGP 巧妙地将常规密钥加密和公开密钥加密结合起来，从而使会话安全得到保证。

用户使用 PGP 时，应该首先生成一个公开密钥/私有密钥对。其中公开密钥可以公开，而私有密钥绝对不能公开。PGP 将公开密钥和私有密钥用两个文件存储，一个用来存储该用户的公开/私有密钥，称为私有密钥环；另一个用来存储其他用户的公开密钥，称为公开密钥环。

为了确保只有该用户可以访问私有密钥环，PGP 采用了比较简洁和有效的算法。当用户使用 RSA 生成一个新的公开/私有密钥对时，输入一个口令短语，然后使用散列算法生成该口令的散列编码，将其作为密钥，采用常规加密算法对私有密钥加密，存储在私有密钥环中。当用户访问私有密钥时，必须提供相应的口令短语，然后 PGP 根据口令短语获得散列编码，将其作为密钥，对加密的私有密钥解密。通过这种方式，保证了系统的安全性依赖于口令的安全性。

2．PGP 的功能

① 在任何软件中进行加密/签名以及解密/检验。通过 PGP 选项和电子邮件插件，可以在任何软件中使用 PGP 的功能。

② 创建以及管理密钥。使用 PGPkeys 命令来创建、查看和维护密钥对，以及把任何人的公钥加入个人的公钥库中。

③ 创建自解密压缩文档（Self-Decrypting Archives，SDA）。用户可以建立一个自动解密的可执行文件。任何人不需要事先安装 PGP，只要得知该文件的加密密码，就可以把该文件解密。这个功能尤其在需要把文件发送给没有安装 PGP 的人时很实用。并且，此功能还能对内嵌其中的文件进行压缩，压缩率与 ZIP 相似，比 RAR 略低（某些时候略高，比如含有大量文本时）。总的来说，该功能相当出色。

④ 创建 PGPdisk 加密文件。该功能可以创建一个.pgd 的文件，此文件用 PGP disk 命令加载后，将以新分区的形式出现，用户可以在此分区内放入需要保密的任何文件。其使用私钥和密码两者共用的方式保存加密数据，保密性坚不可摧，但需要注意的是，一定要在重装系统前备份"我的文档"中"PGP"文件夹里的所有文件，以备重装后恢复私钥，否则将永远不可能再次打开曾经在该系统下创建的任何加密文件。

⑤ 永久地粉碎、销毁文件、文件夹，并释放出磁盘空间。用户可以使用 PGP 粉碎工具永久删除那些敏感的文件和文件夹，而不会遗留任何数据片段在硬盘上。用户也可以使用 PGP 自由空间粉碎器再次清除已经被删除的文件实际占用的硬盘空间。这两个工具都能确保删除的数据将永远不被恢复。

⑥ 9.x 新增：全盘加密，又称完整磁盘加密。该功能可将用户整个硬盘上的所有数据加密，甚至包括操作系统本身。提供极高的安全性，没有密码之人绝无可能使用该系统或查看硬盘中存放的文件、文件夹等数据。即便是硬盘被拆卸到另外的计算机上，该功能仍将忠实地保护用户的数据、加密后的数据维持原有的结构，文件和文件夹的位置都不会改变。

⑦ 9.x 增强：即时消息工具加密。该功能可将支持的即时消息工具（IM，又称即时通信工具、聊天工具）所发送的信息完全经由 PGP 处理，只有拥有对应私钥和密码的对方才可以解开消息的内容。任何人截获到也没有任何意义，仅仅是一堆乱码。

⑧ 10.x 新增：创建可移动加密介质（USB/CD/DVD）产品——PGP Portable。曾经独立的该产品已包含在其中，但使用时需要另购许可证。

实训 2 用 PGP 进行邮件加密

1．实训目的

① 学会 Windows 下 PGP 软件的安装和使用。

② 掌握 PGP 的主要功能，能够对邮件、文件等加密与传输。

2．实训环境

可以联网的计算机、PGP 软件安装包。

3．实训内容

（1）PGP 软件的安装、注册和密钥生成

① PGP 软件的安装和其他软件类似，按照系统提示进行安装和注册即可，如图 4-5 所示。

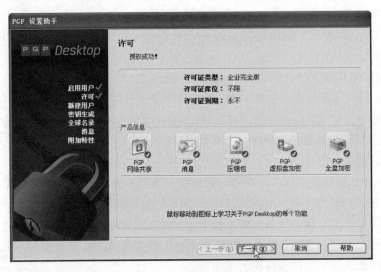

图 4-5　PGP 软件的安装

② 生成密钥。注册完成之后，就会引导生成密钥，如图 4-6 所示。

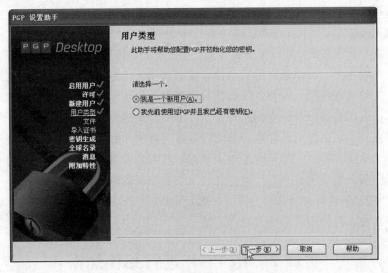

图 4-6　选择用户类型

③ 填写用户名和自己的邮箱，方便使用密钥，如图 4-7 所示。

④ 输入密钥口令，请牢记，如图 4-8 所示。

⑤ 生成密钥及传输密钥到服务器、邮件账号等设置，如图 4-9 和图 4-10 所示。

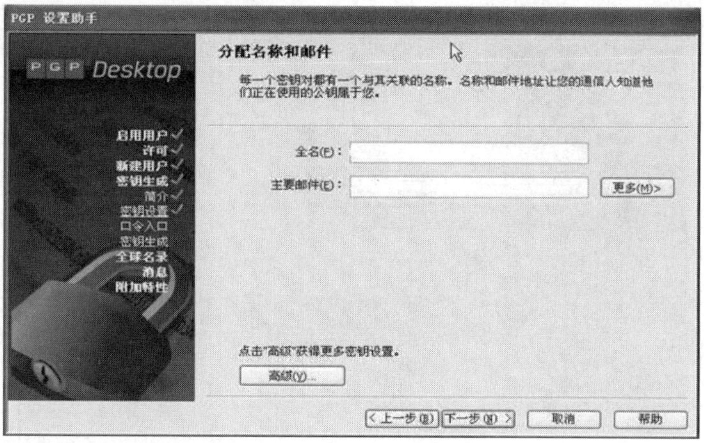

图 4-7　输入用户名和邮箱

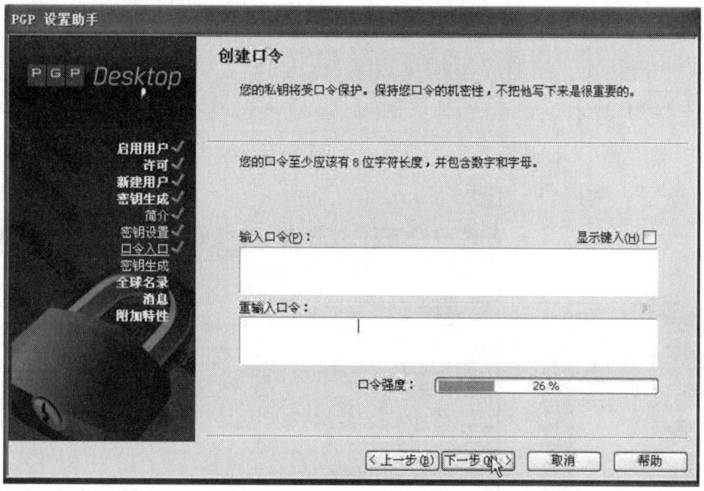

图 4-8　输入密钥口令

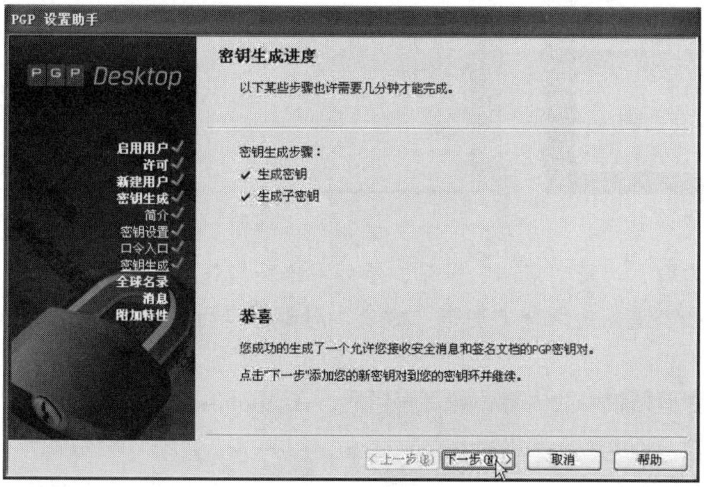

图 4-9　生成密钥

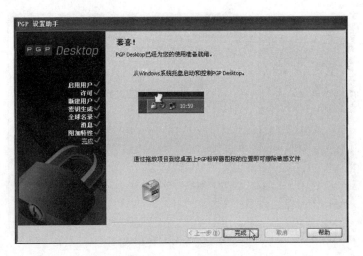

图 4-10 安装完成

至此，PGP 软件的安装、注册和密钥生成结束。可以看到，在任务栏中有了 PGP 托盘，可以打开使用，如图 4-11 所示。

（2）使用 PGP 加解密一封邮件

① 使用 PGP 加密一封邮件。使用 Microsoft Outlook 写一封邮件，如图 4-12 所示。

图 4-11　PGP 托盘

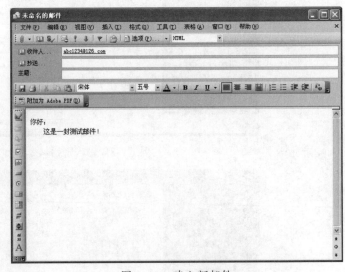

图 4-12　建立新邮件

先选中邮件内容，进行"复制"操作，然后右击系统托盘中的"PGPtray"图标，在弹出的快捷菜单中选择"剪贴板"→"加密"命令，对邮件进行加密。弹出公钥选择对话框，如图 4-13 所示。

PGP 开始加密剪贴板中的内容，加密完毕后，在 Microsoft Outlook 邮件内容处，粘贴剪贴板中加密过的内容，将该邮件发出。

② 使用 PGP 解密一封邮件。

对方收到经过 PGP 加密的邮件，先选中邮件文本中"-----BEGIN PGP MESSAGE-----"

到"-----END PGP MESSAGE-----"的内容,进行"复制"操作,然后右击系统托盘中的"PGPtray"图标,在弹出的快捷菜单中选择"剪贴板"→"解密/检验"命令,对邮件进行解密,此时弹出输入私钥密码窗口,如图 4-14 所示,输入私钥后,单击"确定"按钮,即可查看邮件。

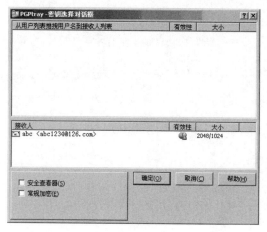

图 4-13   邮件加密

图 4-14   解密邮件

实训 3   密码学实验

1. 实训目的

编程实现简单古典密码算法,加深对古典密码的理解。

掌握简单加解密算法设计原则。

2. 实训环境

运行 Windows 操作系统的 PC,具有 VC 等 C 语言编译环境。

3. 实训内容

① 编程实现凯撒密码,输入任意明文(26 个英文字母中的任意一个,不区分大小写),观察明文、密文的关系。

程序代码:

```
#include <stdio.h>
#include <string.h>
```

```
int main()
{
    char passwd[100],encrypted[100];
    int i,k=3;
    printf("请输入明文:");
    gets(passwd);
    for(i=0; i<strlen(passwd); i++)
    {
        if(passwd[i] >= 'A' && passwd[i] <= 'Z')
        {
            passwd[i] = ((passwd[i]-'A')+k)%26+'A';
        }
        else if(passwd[i] >= 'a' && passwd[i] <= 'z')
        {
            passwd[i] = ((passwd[i]-'a')+k)%26+'a';
        }
        else passwd[i]=' ';
    }
    printf("密文为:%s\n",passwd);
    return 0;
}
```

运行结果（见图4-15）：

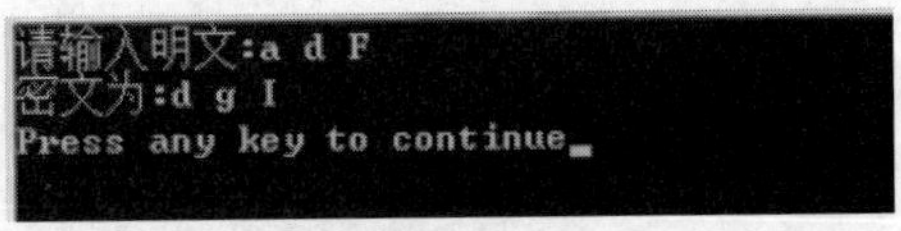

图 4-15 运行结果 1

② 编程实现单表代换密码，输入任意明文（26个英文字母中的任意一个，不区分大小写），观察明文、密文的关系。

程序代码：

```
#include <stdio.h>
#include <string.h>
int main()
{
    char passwd[100],encrypted[100];
    int i,k;
    printf("请输入明文:");
    gets(passwd);
    printf("请输入移动的值(1-25):");
    scanf("%d",&k);
    for(i=0; i<strlen(passwd); i++)
    {
        if(passwd[i] >= 'A' && passwd[i] <= 'Z')
        {
            passwd[i] = ((passwd[i]-'A')+k)%26+'A';
        }
        else if(passwd[i] >= 'a' && passwd[i] <= 'z')
        {
            passwd[i] = ((passwd[i]-'a')+k)%26+'a';
        }
        else passwd[i]=' ';
    }
```

```c
    printf("密文为:%s\n",passwd);
    return 0;
}
```

运行结果（见图 4-16）：

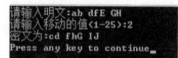

图 4-16　运行结果 2

③ 自行设计并实现一种简单密码，输入任意明文字符串，输出密文。输入密钥和密文字符串，输出明文。

程序代码：

```c
#include <stdio.h>
#include <stdlib.h>
#include <string.h>
void jiami(char *passwd1)
{
    int i,k;
    printf("请输入移动的值(1-25):");
    scanf("%d",&k);
    for(i=0; i<strlen(passwd1); i++)
    {
        if(passwd1[i] >= 'A' && passwd1[i] <= 'Z')
        {
            passwd1[i] = ((passwd1[i])-'A'+k)%26+'A';
        }
        else if(passwd1[i] >= 'a' && passwd1[i] <= 'z')
        {
            passwd1[i] = ((passwd1[i])-'a'+k)%26+'a';
        }
        else passwd1[i]=' ';
    }
    printf("密文为:%s\n",passwd1);
}
void jiemi(char *passwd)
{
    int i,k;
    printf("请输入秘钥(1-25):");
    scanf("%d",&k);
    for(i=0; i<strlen(passwd); i++)
    {
        if(passwd[i] >= 'A' && passwd[i] <= 'Z')
        {
            passwd[i] = (passwd[i]-'A'-k+26)%26+'A';
        }
        else if(passwd[i] >= 'a' && passwd[i] <= 'z')
```

```
        {
            passwd[i] = (passwd[i]-'a'-k+26)%26+'a';
        }
        else passwd[i]=' ';
    }
    printf("明文为:%s\n",passwd);
}
int main()
{
    char passwd[100];
    int a;
    while(1)
    {
        getchar();
        printf("请输入字符串:");
        gets(passwd);
        printf("加密按1，解密按2，结束按3:");
        scanf("%d",&a);
        if(a==1)
        jiami(passwd);
        else if(a==2)
        jiemi(passwd);
        else
        printf("程序结束!");
    }
    return 0;
}
```

运行结果（见图 4-17）：

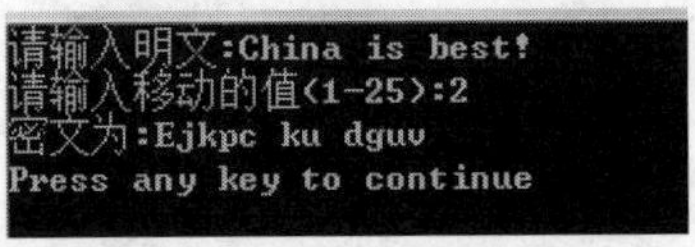

```
请输入明文:China is best!
请输入移动的值(1-25):2
密文为:Ejkpc ku dguv
Press any key to continue
```

图 4-17　运行结果 3

习　题

一、选择题

1. 密码学的目的是（　　）。

   A. 研究数据加密　　B. 研究数据解密　　C. 研究数据保密　　D. 研究信息安全

2. 把明文变成密文的过程，称为（　　）。

   A. 加密　　　　　　B. 密文　　　　　　C. 解密　　　　　　D. 加密算法

3. （　　）是最常用的公钥密码算法。

   A. RSA　　　　　　B. DSA　　　　　　C. 椭圆曲线　　　　D. 量子密码

4. 假设使用一种加密算法，它的加密方法很简单：将每一个字母加 5，即 a 加密成 f。这种算法的密钥就是 5，那么它属于（　　）。

   A. 对称加密技术　　B. 分组密码技术　　C. 公钥加密技术　　D. 单向函数密码技术

5. A 方有一对密钥（KA 公开，KA 秘密），B 方有一对密钥（KB 公开，KB 秘密），A 方向 B

方发送数字签名 M，将信息 M 加密为：M'= KB 公开（KA 秘密（M））。B 方收到密文的解密方案是（　　　）。

    A. KB 公开（KA 秘密（M'））   B. KA 公开（KA 公开（M'））

    C. KA 公开（KB 秘密（M'））   D. KB 秘密（KA 秘密（M'））

6. "公开密钥密码体制"的含义是（　　　）。

    A. 将所有密钥公开   B. 将私有密钥公开，公开密钥保密

    C. 将公开密钥公开，私有密钥保密   D. 两个密钥相同

7. 关于密钥的安全保护，下列说法不正确的是（　　　）。

    A. 私钥送给 CA   B. 公钥送给 CA

    C. 密钥加密后存入计算机的文件中   D. 定期更换密钥

8. DES 算法密钥是 64 位，其中密钥有效位是（　　　）位。

    A. 64   B. 56   C. 48   D. 32

9. DES 算法的入口参数不包括（　　　）。

    A. 工作密钥

    B. 要被加密（明文）或被解密（密文）的数据

    C. 加密或解密

    D. 选择函数

10. IDEA 是一种对称密钥算法，加密密钥是（　　　）位。

    A. 128   B. 64   C. 56   D. 48

二、简答题

1. 简述对称密钥密码体制的原理和特点。

2. 对称密码算法存在哪些问题？

3. 什么是序列密码和分组密码？

4. 简述公开密钥密码机制的原理和特点。

5. 密钥的产生需要注意哪些问题？

6. 什么是密钥管理？为什么要进行密钥管理？密钥管理的内容是什么？

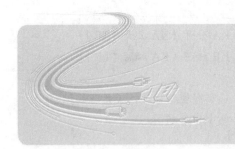

单元 **5**

认证技术

本单元主要介绍身份认证、消息认证及数字签名的基本概念，静态认证和动态认证的应用，以及安全协议的种类及应用。

通过本单元的学习，使读者：

（1）理解报文鉴别码和散列（Hash）函数的原理及应用范围；

（2）理解 Kerberos 应用原理；

（3）了解认证技术及其消息认证、数字签名、身份认证的基本概念，以及它们在信息安全中的重要性和它们的具体应用；

（4）了解安全协议的基本理论及其优缺点。

认证是信息安全中最基础也最重要的一个过程。任何一个系统最基本的安全需求就是认证，只有通过认证确定被认证内容的合法性之后，才能在其基础之上再施行其他安全控制措施。本章介绍了认证技术的相关知识，通过本章的学习让大家对认证技术有一定的了解。

5.1　认证技术概述

网络安全认证技术是网络安全技术的重要组成部分之一。安全认证指的是证实被认证对象是否属实和是否有效的一个过程。其基本思想是通过验证被认证对象的属性来达到确认被认证对象是否真实有效的目的。被认证对象的属性可以是口令、数字签名或者像指纹、声音、视网膜这样的生理特征。认证常常被用于通信双方相互确认身份，以保证通信的安全。一般可以分为两种：

① 身份认证：用于鉴别用户身份。

② 消息认证：用于保证信息的完整性和抗否认性；在很多情况下，用户要确认网上信息是不是假的，信息是否被第三方修改或伪造，这就需要消息认证。

5.2　身份认证

身份认证又称"身份验证"或"身份鉴别"，是指在计算机及计算机网络系统中确认操作者身份的过程，从而确定该用户是否具有对某种资源的访问和使用权限。

身份认证使计算机和网络系统的访问策略能够可靠、有效地执行，防止攻击者假冒合法用户获得资源的访问权限，保证系统和数据的安全，以及授权访问者的合法利益。

认证（Authentication）是证实实体身份的过程，是保证系统安全的重要措施之一。当服务器提供服务时，需要确认来访者的身份，访问者有时也需要确认服务提供者的身份。身份认证是指计算机及网络系统确认操作者身份的过程。计算机网络系统是一个虚拟的数字世界。在这个数字世界中，一切信息包括用户的身份信息都是用一组特定的数据来表示的，计算机只能识别用户的数字身份，所有对用户的授权也是针对用户数字身份的授权。而现实世界是一个真实的物理世界，每个人都拥有独一无二的物理身份。如何保证以数字身份进行操作的操作者就是这个数字身份合法拥有者，也就是说，保证操作者的物理身份与数字身份相对应，就成为一个很重要的问题。身份认证技术的诞生就是为了解决这个问题。如何通过技术手段保证用户的物理身份与数字身份相对应呢？在真实世界中，验证一个人的身份主要通过三种方式判定：一是根据你所知道的信息来证明你的身份，假设某些信息只有某个人知道，比如暗号等，通过询问这个信息就可以确认这个人的身份；二是根据你所拥有的东西来证明你的身份，假设某一个东西只有某个人有，比如印章等，通过出示这个东西也可以确认个人的身份；三是直接根据你独一无二的身体特征来证明你的身份，比如指纹、面貌等。在信息系统中，一般来说，有三个要素可以用于认证过程，即用户的知识（Knowledge），如口令等；用户的物品（Possession），如IC卡等；用户的特征（Characteristic），如指纹等。

身份认证技术从是否使用硬件来看，可以分为软件认证和硬件认证；从认证需要验证的条件来看，可以分为单向认证和双向认证；从认证信息来看，可以分为静态认证和动态认证。身份认证技术的发展，经历了从软件认证到硬件认证，从单向认证到双向认证，从静态认证到动态认证的过程。下面介绍常用的身份认证方法。

1．单向认证

如果通信的双方只需要一方被另一方鉴别身份，这样的认证过程就是一种单向认证，前面提到的口令核对法，实际也可以算是一种单向认证，只是这种简单的单向认证还没有与密钥分发相结合。

与密钥分发相结合的单向认证主要有两类方案：一类采用对称密钥加密体制，需要一个可信赖的第三方——通常称为KDC（密钥分发中心）或AS（认证服务器），由这个第三方来实现通信双方的身份认证和密钥分发；另一类采用非对称密钥加密体制，无须第三方参与。

（1）需要第三方参与的单向认证

① $A \rightarrow KDC$：$IDA \| IDB \| N1$。

② $KDC \rightarrow A$：$EKa[Ks \| IDB \| N1 \| EKb [Ks \| IDA]]$。

③ $A \rightarrow B$：$EKb [Ks \| IDA] \| EKs[M]$。

（2）无须第三方参与的单向认证

$A \rightarrow B$：$EKUb[Ks] \| EKs[M]$。

当信息不要求保密时，这种无须第三方的单向认证可简化为：

$A \rightarrow B$：$M \| EKRa[H(M)]$。

2．双向认证

在双向认证过程中，通信双方需要互相认证鉴别各自的身份，然后交换会话密钥，双向认证的典型方案是Needham/Schroeder协议。

Needham/Schroeder Protocol [1978]。

① A → KDC：IDA‖IDB‖N1。

② KDC → A：EKa[Ks‖IDB‖N1‖EKb[Ks‖IDA]]。

③ A → B：EKb[Ks‖IDA]。

④ B → A：EKs[N2]。

⑤ A → B：EKs[f(N2)]。

3．静态认证

静态认证是利用用户自己设定的密码，在网络登录时输入正确的密码，计算机就认为操作者是合法用户。实际上，由于许多用户为了防止忘记密码，经常采用诸如生日、电话号码等容易被猜测的字符串作为密码，或者把密码抄在纸上放在一个自认为安全的地方，这样很容易造成密码泄露。如果密码是静态的数据，则在验证过程中，在计算机内存中和在传输过程中可能会被木马程序等截获。因此，静态密码机制无论是使用还是部署都非常简单，但从安全性上讲，用户名/密码方式是一种不安全的身份认证方式。

4．动态认证

动态认证又分为以下几种方式：

（1）智能卡

智能卡是一种内置集成电路的芯片，芯片中存有与用户身份相关的数据，智能卡由专门的厂商通过专门的设备生产，是不可复制的硬件。智能卡由合法用户随身携带，登录时必须将智能卡插入专用的读卡器读取其中的信息，以验证用户的身份。

智能卡认证是通过智能卡硬件不可复制来保证用户身份不会被冒仿。然而由于每次从智能卡中读取的数据是静态的，通过内存扫描或网络监听等技术还是很容易截取到用户的身份验证信息，因此还是存在安全隐患。

（2）短信密码

以手机短信形式请求包含 6 位随机数的动态密码，这也是一种手机动态口令形式，身份认证系统以短信形式发送随机的 6 位密码到客户的手机上。客户在登录或者交易认证时输入此动态密码，从而确保系统身份认证的安全性，如图 5-1 所示。

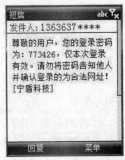

图 5-1　短信密码

硬件令牌：它是客户手持用来生成动态密码的终端，主流的是基于时间同步方式的，每 60 s 变换一次 OTP 口令，口令一次有效，它产生 6 位动态数字进行一次一密的方式认证，目前应用广泛的有 RSA、VASCO、dKey 等动态口令牌。

手机令牌：手机令牌与硬件令牌功能相同，都是用来生成动态口令的载体，手机令牌作为一种手机客户端软件，在生成动态口令的过程中，不会产生任何通信，因此不会在通信信道中被截取，欠费和无信号对其不产生任何影响，由于其具有高安全性、零成本、无须携带、获取简便以及无物流等优势，相比硬件令牌，其更符合互联网的精神，如图 5-2 所示。

图 5-2　手机令牌

USB Key：基于 USB Key 的身份认证方式是一种方便、安全的身份认证技术。它采用软硬件相结合、一次一密的强双因子认证模式，很好地解决了安全性与易用性之间的矛盾。USB Key 是一种 USB 接口的硬件设备，它内置单片机或智能卡芯片，可以存储用户的密钥或数字证书，利用 USB Key 内置的密码算法实现对用户身份的认证。基于 USB Key 身份认证系统主要有两种应用模式：一是基于冲击/响应的认证模式；二是基于 PKI 体系的认证模式，如图 5-3 所示。

图 5-3　USB Key

5．生物识别技术

生物识别技术是通过可测量的身体或行为等生物特征进行身份认证的一种技术。生物特征是指唯一的可以测量或可自动识别和验证的生理特征或行为方式。生物特征分为身体特征和行为特征两类。身体特征包括：指纹、掌型、视网膜、虹膜、人体气味、脸型、手的血管和 DNA 等；行为特征包括：签名、语音、行走步态等。目前部分学者将视网膜识别、虹膜识别和指纹识别等归为高级生物识别技术；将掌型识别、脸型识别、语音识别和签名识别等归为次级生物识别技术；将血管纹理识别、人体气味识别、DNA 识别等归为"深奥的"生物识别技术。

指纹识别：指纹其实是比较复杂的。与人工处理不同，许多生物识别技术公司并不直接存储指纹的图像。多年来在各个公司及其研究机构产生了许多数字化的算法，但指纹识别算法最终都归结为在指纹图像上找到并比对指纹的特征。

定义了指纹的两类特征进行指纹验证：总体特征和局部特征。在考虑局部特征的情况下，英国学者 E.R.Herry 认为，只要比对 13 个特征点重合，就可以确认为是同一个指纹。

（1）总体特征

总体特征是指那些用人眼直接就可以观察到的特征，如图 5-4 所示（图中 1～102 为指纹特征采样点），包括纹形、模式区、核心点、三角点和纹数。

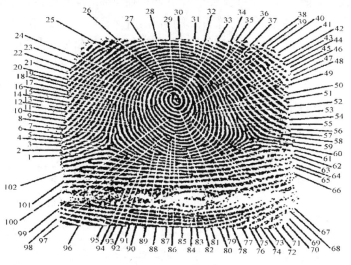

图 5-4　指纹特征

① 纹形：环形（Loop）、弓形（Arch）、螺旋形（Whorl）。其他的指纹图案都基于这三种基本图案。仅仅依靠纹形来分辨指纹是远远不够的，这只是一个粗略的分类，通过更详细的分类使得在大数据库中搜寻指纹更为方便快捷。

② 模式区（Pattern Area）。模式区是指指纹上包括了总体特征的区域，即从模式区就能够分辨出指纹属于哪一种类型。有的指纹识别算法只使用模式区的数据。

③ 核心点（Core Point）。核心点位于指纹纹路的渐进中心，它在读取指纹和比对指纹时作为参考点。许多算法是基于核心点的，即只能处理和识别具有核心点的指纹。核心点对于防暴触摸屏的指纹识别算法很重要，但没有核心点的指纹它仍然能够处理。

④ 三角点（Delta）。三角点位于从核心点开始的第一个分叉点或者断点，或者两条纹路会聚处、孤立点、折转处，或者指向这些奇异点。三角点提供了指纹纹路的计数跟踪的开始之处。

⑤ 纹数（Ridge Count）。纹数指模式区内指纹纹路的数量。在计算指纹的纹数时，一般先连接核心点和三角点，这条连线与指纹纹路相交的数量即可认为是指纹的纹数。

（2）局部特征

局部特征是指指纹上节点的特征，这些具有某种特征的节点称为特征点。两枚指纹经常会具有相同的总体特征，但它们的局部特征——特征点，却不可能完全相同。指纹纹路并不是连续的、平滑笔直的，而是经常出现中断、分叉或转折。这些断点、分叉点和转折点称为"特征点"。就是这些特征点提供了指纹唯一性的确认信息。

指纹识别技术是目前最方便、可靠、非侵害和价格便宜的生物识别技术解决方案，对于广大市场的应用有很大的潜力。

虹膜识别：利用眼睛瞳孔内织物状的各色环状物进行识别的技术，每一个虹膜都包含一个独一无二的基于像冠、水晶体、细丝、斑点、结构、凹点、射线、皱纹和条纹等特征的结构。虹膜扫描安全系统包括一个全自动照相机来寻找你的眼睛，并在发现虹膜时就开始聚焦，想通过眨眼睛来欺骗系统是不行的。虹膜识别技术只需用户位于设备之前而无须物理接触。

面部识别：通过对面部特征和它们之间的关系进行识别，识别技术基于这些唯一的特征时是非常复杂的，这需要人工智能和机器知识学习系统，用于捕捉面部图像的两项技术为标准视频和热成像技术。标准视频技术通过一个标准的摄像头摄取面部的图像或者一系列图像，在面部被捕捉之后，一些核心点被记录。例如，眼睛、鼻子和嘴的位置以及它们之间的相对位置被记录下来然后形成模板；热成像技术通过分析由面部毛细血管的血液产生的热线来产生面部图像，与视频摄像头不同，热成像技术并不需要在较好的光源条件下，因此即使在黑暗情况下也可以使用。一个算法和一个神经网络系统加上一个转化机制就可将一幅面部图像变成数字信号，最终产生匹配或不匹配信号。

各种生物特征的比较见表 5-1。

表 5-1　各种生物特征的比较

生物特征	普遍性	独特性	稳定性	可采集性	评　价
指纹	高	高	高	中	最经典、最成熟的生物认证技术
人脸	中	低	中	高	自然、直观、无侵害、易用的生物认证技术
手型	高	中	中	高	易实现、成本低、识别速度快的生物认证技术
虹膜	高	高	高	低	高独特、高稳定的生物认证技术
视网膜	高	高	中	低	受保护、防欺骗性好；采集困难
签名	低	低	低	高	易于接受，常用于信用卡、文件生效等场合
声音	中	低	低	高	成本低、代价小，常用作辅助手段

不过，生物识别技术也会发生三类错误：

① 拒认：即将正当的使用者拒绝，导致需要多次尝试才能验证通过。该类型错误通常用称为"拒认率"的参数来衡量。

② 误认：即将系统非法入侵者误认为正当用户，导致致命错误。该类型错误通常用称为"误认率"的参数来衡量。

③ 特征值不能录入：指某些用户的生物特征值有可能因故不能被系统记录，导致用户不能使用系统。显然，上肢残缺者不能使用指纹或掌形系统，特别的胡须可能导致某些人不能使用面部识别系统，口吃者大多不能使用语音识别系统等。

发展中的生物特征识别系统在上述三类问题上已有很理想的改进，可以调节误认率和拒认率，以照顾实际应用中对安全性和便利性的不同需求。其中优秀的指纹识别系统更以其出色的性价比和使用的便利性等特点为社会所普遍接受。

6．身份认证技术的未来

虽然现有的各类操作系统和安全体系（如各种加密系统、防火墙、PKI 等）都为用户提供了相当的安全措施，但它们在如何识别使用者身份这一根本问题上却乏善可陈；使用者登录系统、访问应用软件、口令重置等都是 IT 资源管理所面临的日常安全操作，这些看上去很小的细节问题，到了庞大的网络环境上，其倍数效应将对系统安全形成真正的挑战。

身份认证技术的发展经历了三个时代：口令、各种认证卡和令牌、生物特征识别，生物特征才能解决根本的认证问题：证明"你是你"。这三种认证因素的组合，可以达到比单向认证更高的安全等级；三种认证技术都有其局限，同时客户的偏好和选择也是多样化的，因此，一套行之有效的认证系统应该兼容所有认证技术，并可以在认证因素之间进行任意组合。组合认证将是身份认证技术的发展方向。

在实际应用中，认证方案的选择应当从系统需求和认证机制的安全性能两方面综合考虑，安全性能最高的不一定是最好的。当然认证理论和技术还在不断发展之中，尤其是移动计算环境下的用户身份认证技术和对等实体的相互认证机制发展还不完善。另外，如何减少身份认证机制和信息认证机制中的计算量和通信量，而同时又能提供较高的安全性能，是信息安全领域的研究人员需要进一步研究的课题。

5.3 消 息 认 证

消息认证就是验证消息的完整性，当接收方收到发送方的报文时，接收方能够验证收到的报文是真实的、未被篡改的。它包含两个含义：一个是验证信息的发送者是真正的而不是冒充的，即数据起源认证；二是验证信息在传送过程中未被篡改、重放或延迟等。

1．鉴别的需求

在需通过网络进行通信的环境中，会遇到以下攻击：

① 泄露：将报文内容透露给没有拥有合法密钥的任何人或相关过程。

② 通信量分析：发现通信双方的通信方式。在面向连接的应用中，连接的频率和连接持续时间就能确定下来。在面向连接或无连接的环境中，通信双方的报文数量和长度也能确定下来。

③ 伪装：以假的源点身份将报文插入网络中。这包括由敌方伪造一条报文却声称它源自

已授权的实体。另外，还包括由假的报文接收者对收到报文发回假确认，或者不予接收。

④ 内容篡改：篡改报文的内容，包括插入、删除、调换及修改。

⑤ 序号篡改：对通信双方报文序号的任何修改，包括插入、删除和重排序。

⑥ 计时篡改：报文延迟或回放。在面向连接的应用中，一个完整的会话或报文的序列可以是在之前某些有效会话的回放，或者序列中的单个报文能被延迟或回放。在无连接环境中，单个报文（如数据报）能被延迟或回放。

⑦ 抵赖：终点否认收到某报文或源点否认发过某报文。

解决头两种攻击的措施是加强报文的保密性，这将在书中的第一部分介绍。对付前面列表中的第 3 到第 6 种攻击方法称为报文鉴别。处理第 7 项的机制称为数字签名。一般地，数字签名技术也能对付表中第 3 项到第 6 项的部分或全部攻击。

总之，报文鉴别是一个证实收到的报文来自可信的源点且未被篡改的过程；报文鉴别也可证实序列编号和及时性；数字签名是一种包括防止源点或终点抵赖的鉴别技术。

数据完整性机制有两种类型：一种用来保护单个数据单元的完整性，另一种既保护单个数据单元的完整性，也保护一个连接上整个数据单元流序列的完整性（对消息流的篡改检测）。

消息认证的检验内容应包括：证实报文的信源和宿源及报文内容是否遭到偶然或有意地篡改，报文的序号是否正确，报文的到达时间是否在指定的期限内。总之，消息认证使接收者能识别报文的源，内容的真伪，时间有效性等。这种认证只在相互通信的双方之间进行，而不允许第三者进行上述认证。

本节介绍两种用于产生一个鉴别符的函数报文鉴别码：以一个报文的公共函数和用于产生一个定长值的密钥作为鉴别符。

散列函数：一个将任意长度的报文映射为定长的散列值的公共函数，以散列值作为鉴别符。

2．报文鉴别码

报文鉴别码（Message Authentication Codes，MAC）由于采用共享密钥，是一种广泛使用的消息认证技术。它是使用一个密钥产生一个短小的定长数据分组，并将它附加在报文中。该技术假定通信双方，比如 A 和 B，共享一个共有的密钥 K。当 A 有要发往 B 的报文时，它将计算 MAC，MAC 作为报文和密钥 K 的一个函数值。

发送方 A 要发送消息 M 时，A 使用一个双方共享的密钥 K 产生一个短小的定长数据块，即消息检验码 $MAC=TK(M)$，发送给接收方 B 时，将它附加在报文中。

A → B：$M \parallel TK(M)$。

接收方对收到的报文使用相同的密钥 K 执行相同的计算，得到新的 MAC。接收方将收到的 MAC 与计算得到的 MAC 进行比较，如果相匹配，那么可以保证报文在传输过程中维持了完整性：

① 接收者确信报文未被更过。攻击者如果修改了消息，而不修改 MAC，接收者重新计算得到的 MAC 将不同于接收到的 MAC。由于 MAC 的生成使用了双方共享的秘密密钥，攻击者不能够更改 MAC 来对应修改过的消息。

② 接收者确信报文来自真实的发送者。因为没有其他人知道密钥，所以没有人能够伪造出消息及其对应的 MAC。

利用 MAC 进行消息认证的过程如图 5-5 所示。以上过程中，消息是明文传送的，故只提供消息认证而不提供保密功能。机密性可通过使用 MAC 算法之前或之后的加密来实现。以下过程提供认证与保密：

A → B：EK2(M ‖ TK1(M))。

A → B：EK2(M) ‖ TK1(EK2(M)))。

这里 K1、K2 均由 A 和 B 共享。

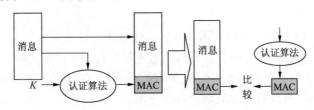

图 5-5　利用 MAC 进行消息认证的过程

一般常规的加密能提供鉴别，同时也有已广泛使用的现成产品，为什么不简单地使用它而要采用独立的报文鉴别码？这主要是因为：

① 有许多应用要求将相同的报文对许多终点进行广播，这样的例子如通知用户目的网络不通或军用控制中心发出告警信息。仅使用一个终点负责报文的真实性这一方法既经济又可靠。这样，报文必须以明文加对应报文鉴别码的形式广播。负责鉴别的系统拥有相应的密钥，并执行鉴别操作。如果鉴别不正确，其他终点将收到一个一般的告警。

② 另一个可用的情形是一方有繁重的处理任务，无法负担对所有收到报文进行解密的工作量。仅进行有选择地鉴别，对报文进行随机检查。

③ 对明文形式的计算机程序进行鉴别是一项吸引人的服务。计算机程序每次执行时无须进行耗费处理机资源的解密。如果将报文鉴别码附加到该程序上，通过检查能随时确定该程序的完整性。

常用构造 MAC 的方法包括：利用已有分组密码构造，如利用 DES 构造的 CBC-MAC。

3．散列（Hash）函数

散列函数（又称杂凑函数）是对不定长的输入产生定长输出的一种特殊函数，其中 M 是变长的，消息 h=H(M)是定长的散列值或称为消息摘要。散列函数 H 是公开的，散列值在信源处被附加在消息上，接收方通过重新计算散列值来保证消息未被窜改。由于函数本身公开，传送过程中对散列值需要另外的加密保护（如果没有对散列值的保护，窜改者可以在修改消息的同时修改散列值，从而使散列值的认证功能失效）。

散列函数的目的是为文件、报文或其他分组数据产生"指纹"。要用于报文鉴别，散列函数 H 必须具有如下性质：

① H 能用于任何大小的数据分组。

② H 产生定长输出。

③ 对任何给定的 M，H(M)相对易于计算，使得硬件和软件实现实际可行。

④ 对任何给定的码 h，寻找 M 使得 H(M) = h 在计算上是不可行的。这就是有些书中所称的单向性质。

⑤ 对任何给定的分组 M，寻找不等于 M 的 W，使得 H(W)=H(M)在计算上是不可行的，称为弱抗冲突。

⑥ 寻找对任何的(M,W)对使得$H(M) = H(W)$在计算上是不可行的，称为强抗冲突。

注意到前两个性质使得散列函数用于消息认证成为可能。第②和第③个性质保证 H 的单向性：给定消息产生散列值很简单，反过来由散列值产生消息计算上不可行。这保证了攻击者无法通过散列值恢复消息。第④个性质保证了攻击者无法在不修改散列值的情况下替换消息而不被察觉。第⑤个性质比第④个性质更强，保证了一种被称为生日攻击的方法无法奏效。

散列码不同的使用方式可以提供不同要求的消息认证，例如：

① 使用对称密码体制对附加了散列码的消息进行加密。这种方式与用对称密码体制加密附加检错码的消息在结构上是一致的。认证的原理也相同，而且这种方式也提供保密性。

② 使用对称密码体制仅对附加的散列码进行加密。在这种方式中，如果将散列函数与加密函数合并为一个整体函数实际上就是一个 MAC 函数。

③ 使用公钥密码体制用发方的私有密钥仅对散列码进行加密。这种方式与第二种方式一样提供认证，而且还提供数字签名。

④ 发送者将消息 M 与通信各方共享的一个秘密值 S 串接，然后计算出散列值，并将散列值附在消息 M 后发送出去。由于秘密值 S 并不发送，攻击者无法产生假消息。

本节将简单介绍两种重要的散列函数：MD5、SHA-1。

MD5 报文摘要算法（RFC 1321）是由 Rivest 提出的。MD5 曾是使用最普遍的安全散列算法。该算法以一个任意长度的报文作为输入，产生一个 128 位的报文摘要作为输出。输入是按 512 位的分组进行处理的。

安全散列算法（SHA）由美国国家标准和技术协会（NIST）提出，并作为联邦信息处理标准在 1993 年公布；1995 年又发布了一个修订版，通常称为 SHA-1。SHA 是基于 MD4 算法的，并且它的设计在很大程度上是模仿 MD4 的。该算法输入报文的最大长度不超过 2^{64} 位，产生的输出是一个 1 160 位的报文摘要。输入是按 512 位的分组进行处理的。

两者的优缺点比较如下：

① 抗强力攻击的能力：对与弱碰撞攻击，这两个算法都是无懈可击的。MD5 很容易遭遇强碰撞的生日攻击，而 SHA-1 目前是安全的。

② 抗密码分析攻击的能力：对 MD5 的密码分析已经取得了很大的进展，而 SHA-1 有很高的抗密码分析攻击的能力。

③ 计算速度：两个算法的主要运算都是模 2^{32} 加法和按位逻辑运算，因而都易于在 32 位的结构上实现，但 SHA-1 的迭代次数较多，复杂性较高，因此速度较 MD5 慢。

④ 存储方式：两者在低位字节优先与高位字节优先都没有明显的优势。

5.4 数字签名

所谓"数字签名"就是通过某种密码运算生成一系列符号及代码组成电子密码进行签名，代替书写签名或印章，对于这种电子式的签名还可进行技术验证，其验证的准确度是一般手工签名和图章的验证无法比拟的。"数字签名"是目前电子商务、电子政务中应用最普遍、技术最成熟、可操作性最强的一种电子签名方法。它采用了规范化的程序和科学化的方法，用于鉴定签名人的身份以及对一项电子数据内容的认可。它还能验证出文件的原文在传输过程中有无变动，确保传输电子文件的完整性、真实性和不可抵赖性。

数字签名在 ISO 7498-2 标准中的定义为："附加在数据单元上的一些数据，或是对数据单元所做的密码变换，这种数据和变换允许数据单元的接收者用以确认数据单元来源和数据单元的完整性，并保护数据，防止被人（如接收者）进行伪造。"美国电子签名标准（DSS, FIPS 186-2）对数字签名做了如下解释："利用一套规则和一个参数对数据计算所得的结果，用此结果能够确认签名者的身份和数据的完整性。"

完善的签名应满足以下三个条件：

① 签名者事后不能抵赖自己的签名。

② 任何其他人不能伪造签名。

③ 如果当事人双方关于签名的真伪发生争执，能够在公正的仲裁者面前通过验证签名来确认其真伪。

数字签名要实现的功能是人们平常的手写签名要实现功能的扩展。平常在书面文件上签名的主要作用有两点：一是因为对自己的签名本人难以否认，从而确定了文件已被自己签署这一事实；二是因为自己的签名不易被别人模仿，从而确定了文件是真的这一事实。采用数字签名，也能完成这些功能：

① 确认信息是由签名者发送的。

② 确认信息自签名后到收到为止，未被修改过。

③ 签名者无法否认信息是由自己发送的。

5.4.1　数字签名的实现方法

实现数字签名有很多方法，目前数字签名采用较多的是公钥加密技术，如基于 RSA Date Security 公司的 PKCS（Public Key Cryptography Standards）、Digital Signature Algorithm、X.509、PGP。1994 年，美国标准与技术协会公布了数字签名标准（DSS）而使公钥加密技术广泛应用。公钥加密系统采用的是非对称加密算法。

数字签名的技术基础是公钥密码技术，而建立在公钥密码技术上的数字签名方法很多，如 RSA 签名、DSA 签名和椭圆曲线数字签名算法（ECDSA）等。下面对 RSA 签名进行详细分析。无保密机制的 RSA 签名过程如图 5-6 所示。

① 发送方采用某种摘要算法从报文中生成一个 128 位的散列值（称为报文摘要）。

② 发送方用 RSA 算法和自己的私钥对这个散列值进行加密，产生一个摘要密文，这就是发送方的数字签名。

③ 将这个加密后的数字签名作为报文的附件和报文一起发送给接收方。

④ 接收方从接收到的原始报文中采用相同的摘要算法计算出 128 位的散列值。

⑤ 报文的接收方用 RSA 算法和发送方的公钥对报文附加的数字签名进行解密。

⑥ 如果两个散列值相同，那么接收方就能确认报文是由发送方签名的。

最常用的摘要算法为 MD5（Message Digest 5），MD5 采用单向 Hash 函数将任意长度的"字节"变换成一个 128 位的散列值，并且它是一个不可逆的字符串变换算法，换言之，即使看到 MD5 的算法描述和实现它的源代码，也无法将一个 MD5 的散列值变换回原始的字符串。这个 128 位的散列值亦称为数字指纹，就像人的指纹一样，它就成为验证报文身份的

"指纹"了。

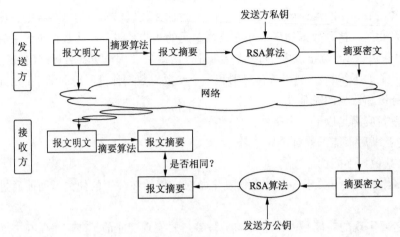

图 5-6　无保密机制的 RSA 签名过程

数字签名是如何完成与手写签名类似的功能的呢？如果报文在网络传输过程中被修改，接收方收到此报文后，使用相同的摘要算法将计算出不同的报文摘要，这就保证了接收方可以判断报文自签名后到收到为止，是否被修改过。如果发送方 A 想让接收方误认为此报文是由发送方 B 签名发送的，由于发送方 A 不知道发送方 B 的私钥，所以接收方用发送方 B 的公钥对发送方 A 加密的报文摘要进行解密时，也将得出不同的报文摘要，这就保证了接收方可以判断报文是否是由指定的签名者发送。同时也可以看出，当两个散列值相同时，发送方 B 无法否认这个报文是他签名发送的。

在上述签名方案中，报文是以明文方式发生的，所以不具备保密功能。如果报文包含不能泄露的信息，就需要先进行加密，然后再进行传送。有保密机制的 RSA 签名的整个过程如图 5-7 所示。

① 发送方选择一个对称加密算法（如 DES）和一个对称密钥对报文进行加密。

② 发送方用接收方的公钥和 RSA 算法对第①步中的对称密钥进行加密，并且将加密后的对称密钥附加在密文中。

③ 发送方使用一个摘要算法从第②步的密文中得到报文摘要，然后用 RSA 算法和发送方的私钥对此报文摘要进行加密，这就是发送方的数字签名。

④ 将第③步得到的数字签名封装在第②步的密文后，并通过网络发送给接收方。

⑤ 接收方使用 RSA 算法和发送方的公钥对收到的数字签名进行解密，得到一个报文摘要。

⑥ 接收方使用相同的摘要算法，从接收到的报文密文中计算出一个报文摘要。

⑦ 如果第⑤步和第⑥步的报文摘要是相同的，就可以确认密文没有被篡改，并且是由指定的发送方签名发送的。

⑧ 接收方使用 RSA 算法和接收方的私钥解密出对称密钥。

⑨ 接收方使用对称加密算法（如 DES）和对称密钥对密文解密，得到原始报文。

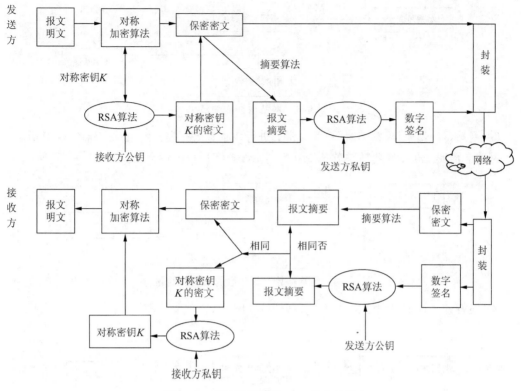

图 5-7　有保密机制的 RSA 签名过程

5.4.2　数字签名在电子商务中的应用

下面通过一个使用 SET 协议的例子说明数字签名在电子商务中的作用。SET 协议（Secure Electronic Transaction，安全电子交易）是由 VISA 和 MasterCard 两大信用卡公司于 1997 年联合推出的规范。

SET 主要针对用户、商家和银行之间通过信用卡支付的电子交易类型而设计的，所以在下例中会出现三方：用户、网站和银行。对应的就有六把"钥匙"：用户公钥、用户私钥；网站公钥、网站私钥；银行公钥、银行私钥。

① 用户将购物清单、用户银行账号和密码进行数字签名提交给网站，如图 5-8 所示。

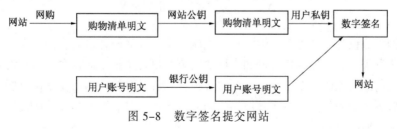

图 5-8　数字签名提交网站

用户账号明文包括用户的银行账号和密码。

② 网站签名认证收到的购物清单，如图 5-9 所示。

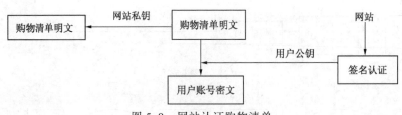

图 5-9　网站认证购物清单

③ 网站将网站申请密文和用户账号密文进行数字签名并提交给银行，如图 5-10 所示。网站申请明文包括购物清单款项统计、网站账户和用户需付金额。

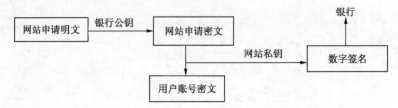

图 5-10　网站将数字签名后的密文交给银行

④ 银行签名认证收到的相应明文，如图 5-11 所示。

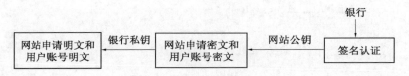

图 5-11　银行认证相应的明文

从上面的交易过程可知，这个电子商务具有以下几个特点：

① 网站无法得知用户的银行账号和密码，只有银行可以看到用户的银行账号和密码。

② 银行无法从其他地方得到用户的银行账号和密码的密文。

③ 由于数字签名技术的使用，从用户到网站到银行的数据，每一个发送端都无法否认。

④ 由于数字签名技术的使用，从用户到网站到银行的数据，均可保证未被篡改。

可见，这种方式已基本解决电子商务中三方进行安全交易的要求，即便有"四方""五方"等更多方交易，也可以按 SET 协议依此类推完成。

5.5　安全认证协议

一般的网络协议都没考虑安全性需求，这就带来了互联网许多的攻击行为，如窃取信息、篡改信息、假冒等，为保证网络传输和应用的安全，出现了很多运行在基础网络协议上的安全协议，以增强网络协议的安全。下面在介绍 Kerberos 等几种常用网络安全协议所在层次、所能承担的安全服务、加密机制、应用领域等的同时，重点对具有相似功能的协议进行比较，本单元重点介绍 Kerberos 认证协议。

5.5.1　网络认证协议 Kerberos

Kerberos（又称 Cerberus）这一名词来源于希腊神话"三个头的狗——地狱之门守护者"。

1983 年，麻省理工学院在雅典娜（Athena）项目中开始使用命名为 Kerberos 的身份认证协议。1995 年，公布了当时最新的网络身份验证服务——Kerberos V5 安全协议。Kerberos 认证系统就一直在 UNIX 系统中被广泛采用，常用的有两个版本：第 4 版和第 5 版，其他是内部版本。其中版本 5 更正了版本 4 中的一些安全缺陷，并已经发布为 Internet 提议标准（RFC 1510）。Microsoft 公司在其推出的 Windows 2000 中也实现了这一认证系统，并作为它默认的认证系统。

Athena 项目的计算环境是 Kerberos 的开发背景，了解这个环境对理解 Kerberos 系统有所帮助，所以在这里有必要加以描述：Athena 的计算环境由大量的匿名工作站和相对较少的独立服务器组成。服务器提供如文件存储、打印、邮件等服务，工作站主要用于交互和计算。我们希望服务器仅被授权用户访问，能够验证服务的请求。在此环境中，工作站不能够确保它的用户就是网络服务正确的用户。也就是说，工作站是不可信的，且存在如下三种威胁：

① 用户可以访问特定的工作站并伪装成其他工作站用户。

② 用户可以改动工作站的网络地址，这样，改动过的工作站发出的请求就像是从伪装工作站发出的一样。

③ 用户可以根据交换窃取消息，并使用重放攻击进入服务器或破坏操作。

在这样的环境下，为了减轻每个服务器的负担，Kerberos 把身份认证的任务集中在身份认证服务器（AS）上执行。AS 中保存了所有用户的口令。另外，为了使用户输入口令的次数最小化，在 Kerberos 认证体制中，还增加了另外一种授权服务器 TGS（Ticket-Granting Server）。用户登录系统并表明访问某个系统资源时，系统并不传送用户口令，而是由 AS 从用户口令产生一个密钥 KU,AS，并传送给用户 U 一个可以访问 TGS 的门票 Ttgs，以及用 KU,AS 加密的密钥 Ku,tgs。如果用户 U 知道口令，则可以利用口令产生密钥 KU,AS，解密后获得 Ku,tgs，用户 U 需要请求某服务时，可以把 Ttgs 连同其个人化信息发送给 TGS。TGS 认证消息后，发送给用户 U 一个可以访问某个服务器的门票 TS 以及用 Ku,tgs 加密的密钥 Ku,s。用户 U 将获得的 TS 连同其个人化信息发送给 Server。Server 对信息认证后，给用户提供相应的服务。整个过程如图 5-12 所示。

Kerberos 作为基于私钥加密算法并需可信任第三方作为认证服务器的网络认证协议，有以下几方面的特征：

① Keberas 在 TCP／IP 协议栈中所处的层次如图 5-13 所示。

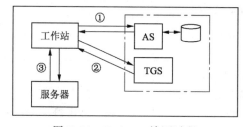

图 5-12　Kerberos 认证过程

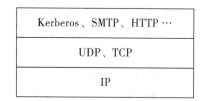

图 5-13　Kerberos 在 TCP／IP 协议栈中所处的层次

② 安全服务：Kerberos 可提供防旁听、防重放及通信数据的保密性和完整性等安全服务，但最重要的是：认证、授权、记账与审计。

③ 加密机制：Kerberos 用 DES 进行加密和认证。

④ 工作原理：Kerberos 根据称为密钥分配中心 KDC 的第三方服务中心来验证网络中计算机相互的身份，并建立密钥以保证计算机间安全连接。KDC 由认证服务器 AS 和票据授权服务

器 TGS 两部分组成。

⑤ 应用领域：需解决连接窃听或需用户身份认证的领域。

⑥ 优点：安全性较高，Kerberos 对用户的口令加密后作为用户的私钥，使窃听者难以在网上取得相应的口令信息；用户透明性好，用户在使用过程中仅在登录时要求输入口令；扩展性较好，Kerberos 为每个服务提供认证，可方便地实现用户数的动态改变。

⑦ 缺点：Kerberos 服务器与用户共享的秘密是用户的口令字，服务器在回应时不验证用户的真实性，若攻击者记录申请回答报文，就易形成代码攻击，随着用户数的增加，密钥管理较复杂；AS 和 TGS 是集中式管理，易形成瓶颈，系统的性能和安全严重依赖于 AS 和 TGS 的性能和安全；Kerberos 增加了网络环境管理的复杂性，系统管理须维护 Kerberos 认证服务器以支持网络；Kerberos 中旧认证码很有可能被存储和重用；它对猜测口令攻击很脆弱，攻击者可收集票据试图破译目标 Kerberos 以及依赖于 Kerberos 的软件，黑客能用完成 Kerberos 协议和记录口令的软件来代替所有客户的 Kerberos 软件。

5.5.2　SSH

Secure Shell，简称 SSH，是建立在应用层基础上的安全协议。该协议创建了一个安全的通道，基于该通道，可以用安全的方式执行原本不安全的命令。例如，在 UNIX 系统中，命令 rlogin 用于实现远程登录，即通过网络登录到一台远端计算机上。这样的一次登录通常需要提供一个口令字，而 rlogin 命令仅仅以明文方式发送该口令字，这就有可能被适时窃听的监听者观察到口令信息。通过首先建立一个 SSH 会话，再基于该会话执行命令，任何诸如 rlogin 之类的原本自身并不安全的命令就都可以安全地执行了。也就是说，SSH 会话提供了机密性和完整性保护，于是就消除了监听者获得口令字以及其他机密信息的能力，而这些信息在未具备 SSH 会话的情况下原本是以非保护的方式传送的。

SSH 协议的认证过程可以基于公钥、数字证书或口令字。

5.5.3　安全电子交易协议 SET

网上交易时持卡人希望在交易中保密自己的账户信息，商家则希望客户的订单不可抵赖，且在交易中交易各方都希望验明他方身份以防被骗。为此 Visa 和 MasterCard 联合多家科研机构共同制定了应用于 Internet 上以银行卡为基础进行在线交易的安全标准 SET（Secure Electronic Transaction）。

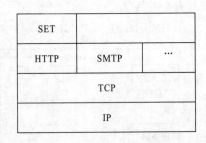

图 5-14　SET 在 TCP/IP 协议栈中所处的层次

① SET 在 TCP/IP 协议栈中所处的层次如图 5-14 所示。

② 安全服务：SET 提供消费者、商家和银行间多方的认证，并确保交易数据的安全性、完整可靠性和交易的不可否认性。

③ 加密机制：SET 中采用的公钥加密算法是 RSA，私钥加密算法是 DES。

④ 工作原理：持卡人将消息摘要用私钥加密得到数字签名。随机产生一对称密钥，用它对消息摘要、数字签名与证书（含客户的公钥）进行加密，组成加密信息，接着将这个对称密钥用商家的公钥加密得到数字信封；当商家收到客户传来的加密信息与数字信封后，用他的私钥解密数字信封得到对称密钥，再用它对加密信息解密，接着验证数字签名：用客户的公钥对

数字签名解密，得到消息摘要，再与消息摘要对照；认证完毕，商家与客户即可用对称密钥对信息加密传送。

⑤ 应用领域：主要用于保障网上购物信息的安全性。

⑥ 优点：安全性高，因为所有参与交易的成员都必须先申请数字证书来识别身份。通过数字签名商家可免受欺诈，消费者可确保商家的合法性，而且信用卡号不会被窃取。

⑦ 缺点：SET 过于复杂，使用麻烦，要进行多次加解密、数字签名、验证数字证书等，故成本高，处理效率低，商家服务器负荷重；它只支持 B2C 模式，不支持 B2B 模式，且要求客户具有"电子钱包"；它只适用于卡支付业务；它要求客户、商家，银行都要安装相应软件。

5.5.4 安全套接层协议 SSL

SSL（Secure Sockets Layer）是互联网上绝大多数安全交易应用的首选协议。举个例子，假如用户想要在 amazon.com 网站上购买一本书。在提交信用卡信息之前，希望确认自己确实是在和 Amazon 进行交易，需要对 Amazon 进行认证。通常来说，Amazon 并不关心对方是谁，只要有钱能够支付即可。所以，这个认证不需要双向交互认证。

当确信自己正在与 Amazon 进行交易之后，用户将提供个人信息，诸如信用卡号、地址信息等。用户可能会希望这些信息在传送过程中得到保护，在大部分情况下，既需要机密性保护（以保护个人隐私），也需要完整性保护（以确保交易信息能够被准确无误地接收）。

SSL 是 Netscape 公司提出的基于 Web 应用的安全协议，它指定了一种在应用程序协议和 TCP/IP 协议间提供数据安全性分层的机制，但常用于安全 Web 应用的 HTTP 协议。

① SSL 在 TCP/IP 协议栈中所处的层次如图 5-15 所示。

应用层（HTTP、FTP…）		
SSL 握手协议	SSL 更改密码规程协议	SSL 报警协议
SSL 记录协议		
TCP		
IP		

图 5-15　SSL 在 TCP/IP 协议栈中所处的层次

② 安全服务：SSL 为 TCP/IP 连接提供数据加密、服务器认证、消息完整性以及可选的客户机认证。

③ 加密机制：SSL 采用 RSA、DES、三重 DES 等密码体制以及 MD 系列 Hash 函数、Diffie-Hellman 密钥交换算法。

④ 工作原理：客户机向服务器发送 SSL 版本号和选定的加密算法；服务器回应相同信息外还回送一个含 RSA 公钥的数字证书；客户机检查收到的证书是否在可信任 CA 列表中，若在就用对应 CA 的公钥对证书解密获取服务器公钥，若不在，则断开连接终止会话。客户机随机产生一个 DES 会话密钥，并用服务器公钥加密后再传给服务器，服务器用私钥解密出会话密钥后发回一个确认报文，以后双方就用会话密钥对传送的报文加密。

⑤ 应用领域：主要用于 Web 通信安全、电子商务，还用在对 SMTP、POP3、Telnet 等应用服务的安全保障上。

⑥ 优点：SSL 设置简单，成本低，银行和商家无须大规模系统改造；凡构建于 TCP/IP 协议栈上的 C/S 模式需进行安全通信时都可使用，持卡人想进行电子商务交易，无须在自己的计算机上安装专门软件，只要浏览器支持即可；SSL 在应用层协议通信前就已完成加密算法、通信密钥的协商及服务器认证工作，此后应用层协议所传送的所有数据都会被加密，从而保证通信的安全性。

⑦ 缺点：SSL 除了传输过程外不能提供任何安全保证；不能提供交易的不可否认性；客户认证是可选的，所以无法保证购买者就是该信用卡合法拥有者；SSL 不是专为信用卡交易而设计，在多方参与的电子交易中，SSL 协议并不能协调各方间的安全传输和信任关系。

5.5.5 WEP

在 802.11 系列标准中规定了一个数据链路层安全协议，称为有线等效保密（Wired Equivalent Privacy）协议，或简称 WEP 协议，这个协议的设计目标是要使无线局域网（Wireless Local Area Network, WLAN）和有线局域网（LAN）一样安全。

1．WEP 协议的认证

在 WEP 协议中，无线接入点与所有用户共享单独的对称密钥。虽然在多个用户之间共享密钥的做法不是理想选择，但是这种方式肯定是会简化接入点的操作。无论如何，实际的 WEP 协议的认证过程就是简单的挑战/应答（Challenge-Response）机制。如图 5-16 所示，其中 A 是用户，B 是访问接入点，而 K 就是共享的对称密钥。

图 5-16　WEP 协议认证

2．WEP 协议的加密

一旦 A 通过认证，数据包就会被加密，使用的加密方案是 RC4 流密码加密方案，图 5-17 中给出了相应的图解。每一个数据包都要使用密钥 $K_{IV} = (IV, K)$ 进行加密，这里的 IV 是 3 字节的初始化向量，以明文形式与数据包一起发送，而 K 就是在认证过程中使用的那同一个密钥。这里的目标就是要使用不同的密钥来对数据包进行加密。请注意，对于每一个数据包，监控者都知道 3 字节的初始化向量 IV，但是他不会知道 K。所以，这里的加密密钥是变化的，而且对于监控者也是未知的。

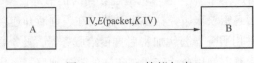

图 5-17　WEP 协议加密

既然初始化向量 IV 只有 3 字节的长度，并且密钥 K 也极少发生变化，那么加密密钥 $K_{IV}=(IV, K)$ 就会经常出现重复的情况。而且，密钥 K 一旦重复出现，监听者就会知道，因为 IV 是可见的（如果 K 没有发生变化的话）。同一初始化向量 IV 的更多次重复就会令监控者的攻击行动愈发简单。

如果令 K 定期地发生变化，那么重复的加密密钥的数量就会减少。但遗憾的是，长效密钥 K 极少会发生变化，因为在 WEP 协议中，这样的一次变化是手工操作，并且访问接入点和所有的主机都必须更新它们的密钥。也就是说，在 WEP 协议中，并没有内置的密钥更新流程。

这里想要说明的基本问题就是，只要监控者看到重复出现的初始化向量 IV，他就完全可以放心大胆地假设相同的密钥流被使用了。因为 IV 只有 24 位，所以重复情况的发生相对会比较常见。而且我们知道，既然使用了流密码加密方案，那么重复使用的密钥流的危害至少相当于重复使用了一次性密码本。

除了这种小的初始化向量 IV 带来的问题之外，针对 WEP 协议的加密，还有另一种不同的密码分析攻击。虽然 RC4 算法在正确使用的情况下被视为强壮的加密方案，仍然存在一种实际的攻击，这种攻击可以用于从 WEP 协议的密文中恢复出 RC4 的密钥。

3．WEP 协议的不完整性

WEP 协议存在着无数的安全问题，但是其中最为臭名昭著的问题是该协议使用循环冗余检验（Cyclic Redundancy Check，CRC）进行"完整性"保护。之前已经讲过，密码学意义上的完整性检验是用于检测对数据的恶意篡改，而不是仅仅针对传输差错。虽然循环冗余检验是一种很好的差错检测方法，但是对于加密技术领域中的数据完整性检测来说，这种方法却没什么作用，因为一个聪明的对手可以在修改数据内容的同时一并计算和修改 CRC 值，于是就能够通过这类数据完整性检测。对于这种精确的攻击行为，只有真正的密码学意义上的完整性检测才能够防范，如 MAC、HMAC 或数字签名技术等。

另外，使用流密码加密方案对数据进行加密这一事实，使得 WEP 协议的加密是线性的，进而使得数据完整性问题进一步恶化。WEP 协议的"完整性检测"无法提供任何密码学意义上的数据完整性保护。使用流密码加密方案，会允许监听者直接对密文做出修改，并且同时修改相应的 CRC 值，从而使得接收方无法检测出篡改。也就是说，监听者不必知道密钥或明文，就可以对数据内容做出无法检测的修改。在这样的场景下，虽然监听者并不知道他对数据做出了什么样的修改，但是问题的关键在于数据是以一种 A 和 B 都无法检测出来的方式被破坏了。

如果监听者碰巧知道了某些明文，那么上述问题就会变得更加糟糕。举个例子，假设监听者知道了一个给定的 WEP 加密数据包的目的 IP 地址，那么即使对相关的密钥一无所知，也能够对目的 IP 地址做出修改，将之替换成监听者想要的 IP 地址，并且同时修改相应的 CRC 完整性检验值，使得自己的篡改不会被检测出来。因为 WEP 协议的流量仅在主机到无线接入点之间被加密（反向亦然），当被修改的数据包到达无线接入点时，数据包将会被解密并被转发给监听者选定的 IP 地址。从密码分析者的角度看，再没有比这更好的方案了。这种攻击之所以能够成功，是因为 WEP 协议中缺乏任何真正的完整性检测手段。因此，WEP 协议的"完整性检测"无法提供任何密码学意义上的数据完整性保护。

4．WEP 协议的其他问题

另外，关于 WEP 协议在安全上的弱点，其他方面还有很多。举个例子，如果监听者能够通过无线连接发送一条消息，并且截获对应的密文，那么他就可以知道明文和相应的密文，这样他就可以立刻恢复密钥流。而这同一个密钥流将被用于加密初始化向量 IV 相同的所有消息，只要长效密钥未发生改变即可。

监听者是否有可能知道与一条通过无线连接发送的加密消息相对应的明文呢？也许监听者可以发送一条 E-mail 消息给 A，并请 A 将其转发给另一个人。如果 A 这样做了，那么监听者就可以截获与这条已知明文相对应的密文消息。

还有一个问题，在默认情况下，WEP 的无线接入点会广播其 SSID（Service Set Identifier，服务集标识），这个 SSID 就是无线接入点的 ID。当向无线接入点认证自身时，客户端必须使用 SSID。WEP 协议有一个安全特性，使得可以对无线接入点进行配置，使其不再广播自己的 SSID。在这种情况下，SSID 就充当了类似口令的角色，用户必须知道口令（也就是 SSID）才能够向无线接入点认证自身。但是，在向无线接入点发起通信连接时，用户是以明文方式发送 SSID 的，这样监听者就只需要截获这样的数据包，就能够发现 SSID "口令"。更加糟糕的是，有不少工具能够强制 WEP 的客户端执行这样的认证，客户端将会自动尝试再次发起认证，于是在这个过程中，明文形式的 SSID 就会再一次被发送。所以对于监听者来说，只要存在至少一个活动的用户，获得 SSID 就是轻而易举的。

5. 实践中的 WEP 协议

很难不将 WEP 协议视为安全灾难。尽管 WEP 协议本身存在着不少诸如此类的安全问题，但在某些环境中，还是有可能在实践中令 WEP 协议达到一种适度的安全性。但是，相对于 WEP 协议自身能够提供的安全特性而言，这一点与 WEP 协议自身的不安全性有着很大的关系。假如对 WEP 无线接入点进行了配置，使其能够对数据进行加密，并且也不再广播其 SSID，另外还启用了访问控制措施，那么攻击者必须付出一些努力才能够获得接入。至少，监听者必须破解加密，伪造他的 MAC 地址信息，并且还可能需要强制用户发起认证行为以便能够得到 SSID。虽然有不少的工具都可以帮助他完成这些任务，但是对于监听者来说，找到未被保护的 WEP 网络可能要容易得多。像大多数人一样，监听者通常会选择阻力最小的路径。当然，如果监听者因某种特殊的原因（相对于仅仅是想要免费的网络）而将目标明确无误地锁定某个 WEP 装置上，而用户仍在依赖 WEP 协议的保护，那么就非常危险了。

最后，提醒大家注意，相对于 WEP 协议，有一些更加安全的替代方案。例如，WPA（Wi-Fi Protected Access）协议就更为安全，但是这个协议的设计目标是能够兼容与 WEP 协议相同的硬件，所以不可避免地会做出一些安全上的折中。虽然会对 WEP 协议有少量的攻击，但是站在实际应用的角度，这个协议还算比较安全。与 WPA 协议一样，也有一些声称是针对 WPA2 协议的攻击，但是在实践中，这些攻击似乎也没有什么显著的影响。如今，在几分钟之内就能对 WEP 协议实施破解攻击。如果选择了足够复杂的口令，WPA 协议以及 WPA2 协议都可以被视为是事实上安全的。无论如何，WPA 和 WPA2 这两个协议相对于 WEP 协议来说，都是巨大的进步。

5.5.6 安全超文本传输协议 SHTTP

SHTTP（Secure HyperText Transfer Protocol）是 EIT 公司结合 HTTP 而设计的一种消息安全

通信协议，是 HTTP 的安全增强版，SHTTP 提供基于 HTTP 框架的数据安全规范及完整的客户机/服务器认证机制。

① SHTP 在 TCP／IP 协议栈中所处的层次如图 5-18 所示。

② 安全服务：SHTTP 可提供通信保密、身份识别、可信赖的信息传输服务及数字签名等。

③ 加密机制：SHTTP 用于签名的非对称算法有 RSA 和 DSA 等，用于对称加解密的算法有 DES 和 RC2 等。

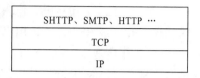

| SHTTP、SMTP、HTTP … |
| TCP |
| IP |

图 5-18　SHTTP 在 TCP/IP 协议栈中所处的层次

④ 工作原理：SHTTP 支持端对端安全传输。它通过在 SHTTP 所交换包的特殊头标志来建立安全通信。

⑤ 应用领域：它可通过和 SSL 结合保护 Internet 通信，另外还可通过和 SET、SSL 结合保护 Web 事务。

⑥ 优点：SHTTP 为 HTTP 客户机和服务器提供多种安全机制，提供安全服务选项适用于万维网上各类潜在用户。SHTTP 不需客户端公用密钥认证，但它支持对称密钥操作模式；SHTTP 支持端对端安全事务通信并提供了完整且灵活的加密算法、模态及相关参数。

⑦ 缺点：实现难，使用更难。

5.5.7　安全电子邮件协议 S/MIME

S/MIME（Secure/Multi-purpose Internet Mail Extensions）由 RSA 公司提出，是电子邮件的安全传输标准，它是一个用于发送安全报文的 IETF 标准。目前大多数电子邮件产品都包含对 S/MIME 的内部支持。

① S/MIME 在 TCP/IP 协议栈中所处的层次如图 5-19 所示。

② 安全服务：它用 PKI 数字签名技术支持消息和附件的加密。

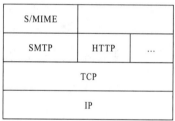

S/MIME		
SMTP	HTTP	…
TCP		
IP		

图 5-19　S/MIME 在 TCP/IP 协议栈中所处的层次

③ 加密机制：S/MIME 采用单向散列算法，如 SHA-1、MD5 等，也采用公钥机制的加密体系。S/MIME 的证书格式采用 X.509 标准。

④ 工作原理：S/MIME 的认证机制依赖于层次结构的证书认证机构，所有下一级组织和个人的证书均由上一级组织认证，而最上一级的组织（根证书）间相互认证，整个信任关系是树状结构。另外，S/MIME 将信件内容加密签名后作为特殊附件传送。

⑤ 应用领域：各种安全电子邮件发送的领域。

⑥ 优点：与传统 PEM 不同，因其内部采用 MIME 的消息格式，所以不仅能发送文本，还可携带各种附加文档，如包含国际字符集、HTML、音频、语音邮件、图像等不同类型的数据内容。

5.5.8　网络层安全协议 IPSec

IPSec（Internet Protocol Security）由 IETF 制定，面向 TCMP，它是为 IPv4 和 IPv6 协议提供基于加密安全的协议。

① IPSec 在 TCP/IP 协议栈中所处的层次如图 5-20 所示。

② 安全服务：IPSec 提供访问控制、无连接完整性、数据源的认证、防重放攻击、机密性（加密）、有限通信量的机密性等安全服务。另外 IPSec 的 DOI 也支持 IP 压缩。

③ 加密机制：IPSec 通过支持 DES、三重 DES、IDEA、AES 等确保通信双方的机密性；身份认证用 DSS 或 RSA 算法；用消息鉴别算法 HMAC 计算 MAC，以进行数据源验证服务。

④ 工作原理：IPSec 有两种工作模式（见图 5-21），传输模式和隧道模式。传输模式用于两台主机之间，保护传输层协议头，实现端对端的安全性。隧道模式用于主机与路由器之间，保护整个 IP 数据包。

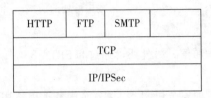

图 5-20　IPSec 在 TCP / IP 协议栈中所处的层次　　　图 5-21　IPSec 的两种工作模式

⑤ 应用领域：IPSec 可为各种分布式应用，如远程登录、客户/服务器、电子邮件、文件传输、Web 访问等提供安全，可保证 LAN、专用和公用 WAN 以及 Internet 的通信安全。目前主要应用于 VPN、路由器中。

⑥ 优点：IPSec 可用来在多个防火墙和服务器间提供安全性，可确保运行在 TCP/IP 协议栈上的 VPN 间的互操作性。它对于最终用户和应用程序是透明的。

⑦ 缺点：IPSec 系统复杂，且不能保护流量的隐蔽性；除 TCP / IP 外，不支持其他协议；IPSec 与防火墙、NAT 等的安全结构也是一个复杂的问题。

5.5.9　安全协议对比分析

1. SSL 与 IPSec

① SSL 保护在传输层上通信的数据安全，IPSec 除此之外还保护 IP 层上的教据包安全，如 UDP 包。

② 对一个在用系统，SSL 不需改动协议栈但需改变应用层，而 IPSec 却相反。

③ SSL 可单向认证（仅认证服务器），但 IPSec 要求双方认证。当涉及应用层中间节点，IPSec 只能提供连接保护，而 SSL 提供端到端保护。

④ IPSec 受 NAT 影响较严重，而 SSL 可穿过 NAT 而毫无影响。

⑤ IPSec 是端到端一次握手，开销小；而 SSL/TLS 每次通信都握手，开销大。

2. SSL 与 SET

① SET 仅适用于信用卡支付，而 SSL 是面向连接的网络安全协议。SET 允许各方的报文交换非实时，SET 报文能在银行内部网或其他网上传输，而 SSL 上的卡支付系统只能与 Web 浏览器捆在一起。

② SSL 只占电子商务体系中的一部分（传输部分）。而 SET 位于应用层，对网络上其他各层也有涉及，它规范了整个商务活动的流程。

③ SET 的安全性远比 SSL 高。SET 完全确保信息在网上传输时的机密性、可鉴别性、完整性和不可抵赖性。SSL 也提供信息机密性、完整性和一定程度的身份鉴别功能，但 SSL 不能提供完备的防抵赖功能。因此从网上安全支付来看，SET 比 SSL 针对性更强、更安全。

④ SET 协议交易过程复杂庞大，比 SSL 处理速度慢，因此 SET 中服务器的负载较重，而

基于 SSL 网上支付的系统负载要轻得多。

⑤ SET 比 SSL 贵，对参与各方有软件要求，且目前很少用网上支付，所以 SET 很少用到。而 SSL 因其使用范围广、所需费用少、实现方便，所以普及率较高。但随着网上交易安全性需求的不断提高，SET 必将是未来的发展方向。

3．SSL 与 S/MIME

S/MIME 是应用层专门保护 E-mail 的加密协议，而 SMTP/SSL 保护 E-mail 效果不是很好，因 SMTP/SSL 仅提供使用 SMTP 的链路的安全，而从邮件服务器到本地的路径是用 POP/MAN 协议，这无法用 SMTP/SSL 保护。相反 S/MIME 加密整个邮件的内容后用 MIME 数据发送，这种发送可以是任一种方式。它摆脱了安全链路的限制，只需收发邮件的两个终端支持 S/MIME 即可。

4．SSL 与 SHTTP

SHTTP 是应用层加密协议，它能感知到应用层数据的结构，把消息当成对象进行签名或加密传输。它不像 SSL 完全把消息当作流来处理。SSL 主动把数据流分帧处理。因此，SHTTP 可提供基于消息的抗抵赖性证明，而 SSL 不能。所以 SHTTP 比 SSL 更灵活，功能更强，但它实现较难，使用更难，正因如此，现在使用基于 SSL 的 HTTPS 要比 SHTTP 更普遍。

综上，每种网络安全协议都有各自的优缺点，实际应用中要根据不同情况选择恰当协议并注意加强协议间的互通与互补，以进一步提高网络的安全性。另外，现在的网络安全协议虽已实现了安全服务，但无论哪种安全协议建立的安全系统都不可能抵抗所有攻击，要充分利用密码技术的新成果，在分析现有安全协议的基础上不断探索安全协议的应用模式和领域。

实训 4　PGP 软件在数字签名中的应用

1．实训目的

通过使用 PGP 软件进行加密解密和数字签名，加深对公开密钥体制的加密解密和数字签名的理解。

2．实训环境

Windows Server 2016、Windows 10 等操作系统，PGP Desktop 8.03。

3．实训内容

（1）生成新的密钥对

① 选择"开始"→"程序"→PGP→PGPkeys 命令。

② 在打开窗口的菜单栏中，选择 keys→New Key 命令。

③ 在打开 PGP Key Generation Wizard（PGP 密钥生成向导）窗口中，单击"下一步"按钮，进入 Name and Email Assignment（用户名和电子邮件分配）界面，在 Full name 文本框中输入用户名，在 E-mail address 文本框中输入用户所对应的电子邮件地址，完成后单击"下一步"按钮。

④ 在 Passphrase Assignment（密码设定）界面，在 Passphrase 文本框中输入设定的密码，在 Confirmation（确认）文本框中再输入一次，密码长度必须大于 8 位。完成后单击"下一

步"按钮，进入 Key Generation Progress（密钥生成进程）界面，等待主密钥（Key）和次密钥（Subkey）生成完毕（出现 Done）。单击"下一步"按钮，进入 Completing the PGP Key Generation Wizard（完成该 PGP 密钥生成向导）再单击"完成"按钮，密钥对即创建完成，如图 5-22 所示。

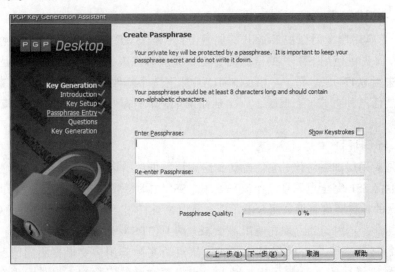

图 5-22　PGP 密钥生成

（2）导出并分发公钥

　　① 启动 PGPkeys，在 PGPkeys 界面中可以看到所创建的密钥（对）。在这里将看到密钥的一些基本信息，如 Validity（有效性）、Trust（信任度）、Size（大小）、Description（描述）等。需要注意的是，这里的密钥其实是以一个"密钥对"的形式存在的，也就是说其中包含了一个公钥和一个私钥。现在要做的就是从这个"密钥对"内导出包含的公钥，如图 5-23 所示。

图 5-23　PGP 公钥导出

　　② 右击刚才创建的密钥（对），在弹出的快捷菜单中选择 Export 命令，在弹出的保存对话框中选择一个目录，再单击"保存"按钮，即可导出公钥，扩展名为 .asc。

③ 使用 U 盘、磁盘、电子邮件或文件共享等方式，将所导出的公钥文件（.asc）发给同组人员。

（3）导入并设置其他人的公钥

① 导入公钥。双击对方发送的扩展名为.asc 的公钥，将会出现 Select key（s）窗口，在这里能看到该公钥的基本属性，如有效性、信任度等，便于了解是否应该导入此公钥。选好后，单击 Import 按钮，即可导入 PGP，如图 5-24 所示。

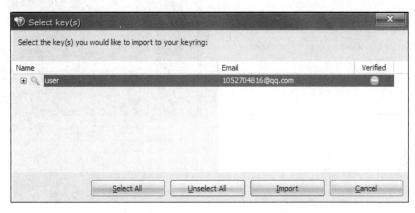

图 5-24　对方公钥导入

② 打开 PGPkeys，就能看到刚才导入的密钥，如图 5-25 所示。

图 5-25　所有的密钥

　　选中密钥并右击，在弹出的快捷菜单中选择 Key Properties（密钥属性）命令，这里能查看到该密钥的全部信息，如是否为有效的密钥、是否可信任等。在这里，如果直接拖动 Untrusted（不信任的）的滑块到 Trusted（信任的），将会出现错误信息。正确的做法应该是关闭此对话框，然后在该密钥上右击，在弹出的快捷菜单中选择 Sign（签名）命令，在出现的 PGP Sign Key（PGP 密钥签名）对话框中，单击 OK 按钮，会出现要求为该公钥输入 Passphrase 的对话框，这时输入创建密钥对时的密码调用自己的私钥，然后继续单击 OK 按钮，即完成签名操作。查看 PGPkeys 窗口中该公钥的属性，Validity 栏若显示为绿色，表示该密钥有效，如图 5-26 所示。

　　右击该公钥，在弹出的快捷菜单中选择 Key Properties 命令，将 Untrusted 处的滑块拖动到 Trusted 处，再单击"关闭"按钮即可，这时再看 PGPkeys 窗口中的公钥，Trust 处就不再是灰色了，说明这个公钥被 PGP 加密系统正式接受，可以投入使用了，如图 5-27 所示。

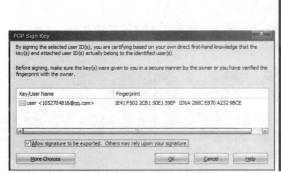

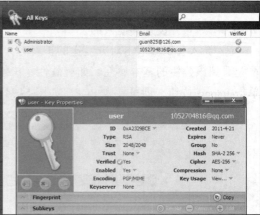

图 5-26　签名对方的公钥　　　　　　　　图 5-27　信任对方公钥

（4）使用公钥加密文件

① 打开 PGP Zip 界面的 New PGP Zip 界面，如图 5-28 所示。

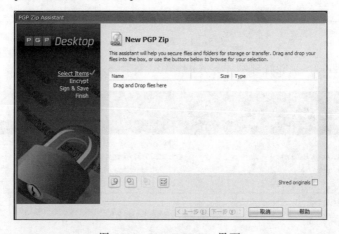

图 5-28　New PGP Zip 界面

② 将要加密的文件拖入界面中，如图 5-29 所示。

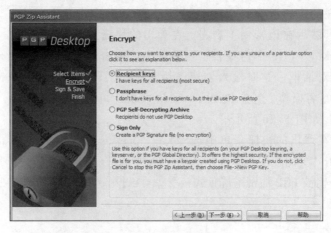

图 5-29　对文件选择加密

③ 使用 U 盘、磁盘、电子邮件或文件共享等方式，将所生成.pgp 文件发给同组人员，如图 5-30 所示。注：刚才使用哪个公钥加密的，就只能发给该公钥所有人，别人无法解密。只有该公钥所有人的私钥才能解密。

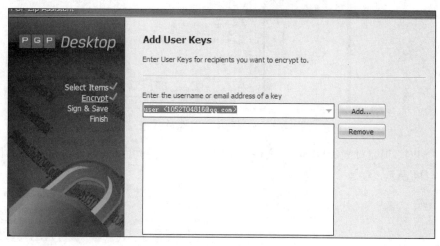

图 5-30　选择加密的公钥

（5）解密文件

双击对方发给自己的扩展名为.pgp 文件，解密并选择一个路径保存即可，如图 5-31 和图 5-32 所示。双击解密后的文件，可以正常看到文件的内容。

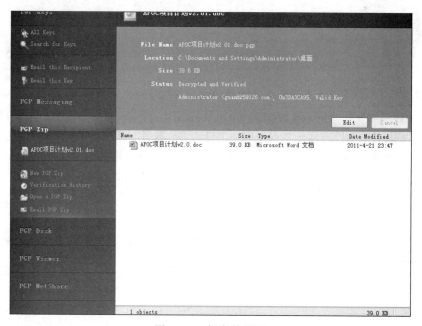

图 5-31　解密的界面

图 5-32　选择解密文件存放路径

双击 "APOC 项目计划 v2.0.doc" 文件（见图 5-33）后就可以直接看到对方发过来的原文了，如图 5-34 所示。

图 5-33　解密文件

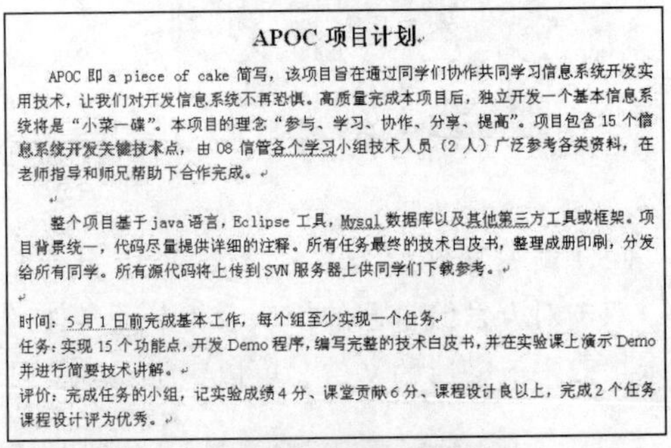

APOC 项目计划

APOC 即 a piece of cake 简写，该项目旨在通过同学们协作共同学习信息系统开发实用技术，让我们对开发信息系统不再恐惧。高质量完成本项目后，独立开发一个基本信息系统将是 "小菜一碟"。本项目的理念 "参与、学习、协作、分享、提高"。项目包含 15 个信息系统开发关键技术点，由 08 信管各个学习小组技术人员（2 人）广泛参考各类资料，在老师指导和师兄帮助下合作完成。

整个项目基于 java 语言，Eclipse 工具，Mysql 数据库以及其他第三方工具或框架。项目背景统一，代码尽量提供详细的注释，所有任务最终的技术白皮书，整理成册印刷，分发给所有同学。所有源代码将上传到 SVN 服务器上供同学们下载参考。

时间：5 月 1 日前完成基本工作，每个组至少实现一个任务。
任务：实现 15 个功能点，开发 Demo 程序，编写完整的技术白皮书，并在实验课上演示 Demo 并进行简要技术讲解。
评价：完成任务的小组，记实验成绩 4 分、课堂贡献 6 分、课程设计良以上，完成 2 个任务课程设计评为优秀。

图 5-34　解密文件原文

（6）数字签名

① 在需要加密的文件上右击，在弹出的快捷菜单中选择 PGP→Sign（加密）命令。

② 在弹出对话框的 Enter passphrase for above key 文本框中输入创建密钥对时的密码。

③ 在弹出的 Enter filename for encrypted file 对话框中，单击 "保存" 按钮。经过 PGP 的短暂处理，会在想要签名的文件的同一目录生成一个格式为：签名的文件名.sig 的文件。这个.sig 文件就是数字签名。如果用 "记事本" 程序打开该文件，看到的是一堆乱码（签名的结果）。

④ 使用 U 盘、磁盘、电子邮件或文件共享等方式，将所生成的.sig 文件连同原文件一起发给同组人员，必须连同原文件一起。

（7）验证签名

双击对方发给你的扩展名为.sig 的文件，在弹出的 PGPlog 窗口中可以看到验证记录的 Validity 栏为绿色，表明验证成功。

习　　题

一、选择题

1. 认证常常被用于通信双方相互确认身份，以保证通信的安全。一般可以分为两种：身份认证和（　　）。

A. 第三方认证　　　　　B. 访问认证　　　　　C. 消息认证　　　　D. ID 认证

2. 身份认证技术从是否使用硬件来看，可以分为硬件认证和（　　　）。

　　A. 消息认证　　　　　B. 身份认证　　　　　C. 软件认证　　　　D. 口令认证

3. 从认证需要验证的条件来看，可以分为双向认证和（　　　）。

　　A. 单向认证　　　　　B. 多项认证　　　　　C. 消息认证　　　　D. 软件认证

4. 从认证信息来看，可以分为静态认证和（　　　）。

　　A. 单向认证　　　　　B. 动态认证　　　　　C. 双向认证　　　　D. 消息认证

5. 下面不属于生物识别技术的是（　　　）。

　　A. 虹膜技术　　　　　B. 指纹技术　　　　　C. U 盾技术　　　　D. 语音技术

6. 目前的防火墙主要有三种类型，它们是包过滤防火墙、混合防火墙和（　　　）。

　　A. 代理防火墙　　　　B. 个人防火墙　　　　C. 企业防火墙　　　D. 堡垒防火墙

7. 消息认证就是验证消息的（　　　）。

　　A. 完整性　　　　　　B. 准确性　　　　　　C. 保密性　　　　　D. 安全性

8. （　　　）是对不定长的输入产生定长输出的一种特殊函数。其中 M 是变长的，消息 $h=H(M)$ 是定长的散列值。

　　A. 散列函数　　　　　B. RSA　　　　　　　C. DES　　　　　　D. 数字签名

9. 数字签名的技术基础是（　　　）。

　　A. 消息认证技术　　　B. 对称式密码技术　　C. 私钥密码技术　　D. 公钥密码技术

10. （　　　）认证系统就一直在 UNIX 系统中被广泛采用，常用的有两个版本：第 4 版和第 5 版。

　　A. SSL　　　　　　　B. Kerberos　　　　　C. SET　　　　　　D. HTTP

二、简答题

1. 认证技术一般可分为哪几种？

2. 身份认证技术可分为哪几类？分别举例说明。

3. 什么是静态认证，什么是动态认证，二者的区别是什么？

4. 生物特征分哪两类？分别举例说明。

5. 什么是消息认证？

6. 什么是数字签名，它有哪些功能？

7. 举例说明数字签名在电子商务中的作用。

8. 目前安全协议包括哪些，它们各有哪些优缺点？

单元 6

访问控制与网络隔离技术

本单元主要介绍了访问控制的功能、原理、类型及机制，并对防火墙的定义和相关技术进行了较详细的介绍。本单元也对目前的各种物理隔离技术进行了比较和讲解，并介绍了我国目前物理隔离技术的发展方向。

通过本单元的学习，使读者：

（1）了解访问控制列表；

（2）理解防火墙原理；

（3）了解物理隔离的定义和原理；

（4）掌握防火墙和物理隔离的基本配置。

互联网已经在现实生活中广泛应用，如聊天、游戏、电子商务等，给网民的生活带来很大的方便，可见它已经成为一个能够相互沟通、相互参与的互动平台。随着网络与信息安全对抗技术的高速发展，网络安全已成为一项责任重大、管理复杂的工作。近年来，围绕网络安全问题提出了许多解决办法，例如访问控制、网络隔离技术等。

6.1　访问控制

访问控制（Access Control）指系统对用户身份及其所属的预先定义的策略组限制其使用数据资源能力的手段。通常用于系统管理员控制用户对服务器、目录、文件等网络资源的访问。访问控制是系统保密性、完整性、可用性和合法使用性的重要基础，是网络安全防范和资源保护的关键策略之一，也是主体依据某些控制策略或权限对客体本身或其资源进行的不同授权访问。

访问控制的主要目的是限制访问主体对客体的访问，从而保障数据资源在合法范围内得以有效使用和管理。为了达到上述目的，访问控制需要完成两个任务：识别和确认访问系统的用户、决定该用户可以对某一系统资源进行何种类型的访问。

访问控制包括三个要素：主体、客体和控制策略。

① 主体（Subject），是指提出访问资源的具体请求，是某一操作动作的发起者，但不一定是动作的执行者，可能是某一用户，也可以是用户启动的进程、服务和设备等。

② 客体（Object），是指被访问资源的实体。所有可以被操作的信息、资源、对象都可以是客体。客体可以是信息、文件、记录等集合体，也可以是网络上硬件设施、无线通信中的终端，甚至可以包含另外一个客体。

③ 控制策略（Attribution），是主体对客体的相关访问规则集合，即属性集合。访问策略体现了一种授权行为，也是客体对主体某些操作行为的默认。

6.1.1　访问控制的功能及原理

访问控制的主要功能包括：保证合法用户访问受保护的网络资源，防止非法主体进入受保护的网络资源，或防止合法用户对受保护的网络资源进行非授权的访问。访问控制首先需要对用户身份的合法性进行验证，同时利用控制策略进行选用和管理工作。当用户身份和访问权限验证之后，还需要对越权操作进行监控。因此，访问控制的内容包括认证、控制策略实现和安全审计，其功能及原理如图 6-1 所示。

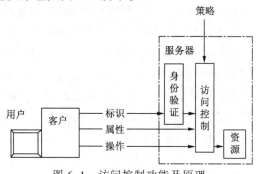

图 6-1　访问控制功能及原理

（1）认证

认证包括主体对客体的识别及客体对主体的检验确认。

（2）控制策略

通过合理设定控制规则集合，确保用户对信息资源在授权范围内的合法使用。既要确保授权用户的合理使用，又要防止非法用户侵权进入系统，使重要信息资源泄露。同时对合法用户，也不能越权行使权限以外的功能及访问范围。

（3）安全审计

系统可以自动根据用户的访问权限，对计算机网络环境下的有关活动或行为进行系统的、独立的检查验证，并做出相应的评价与审计。

6.1.2　访问控制的类型及机制

访问控制可以分为两个层次：物理访问控制和逻辑访问控制。物理访问控制如符合标准规定的用户、设备、门、锁和安全环境等方面的要求，而逻辑访问控制则是在数据、应用、系统、网络和权限等层面进行实现的。对银行、证券等重要金融机构的网站，信息安全重点关注的是两者兼顾，物理访问控制则主要由其他类型的安全部门负责。

1. 访问控制的类型

主要的访问控制类型有三种模式：自主访问控制、强制访问控制和基于角色访问控制。

（1）自主访问控制

自主访问控制（Discretionary Access Control，DAC）是一种接入控制服务，通过执行基于系统实体身份及其到系统资源的接入授权，包括在文件、文件夹和共享资源中设置许可。用户有权对自身所创建的文件、数据表等访问对象进行访问，并可将其访问权授予其他用户或收回其访问权限。允许访问对象的属主制定针对该对象访问的控制策略，通常可通过访问控制列表（见表6-1）限定针对客体可执行的操作。

表6-1 访问控制列表

主 体	客体1	客体2	客体3
主体1	Own R W		Own R W
主体2	Own R W	Own R W	Own R W
主体3	Own R W	Own R W	

① 每个客体有一个所有者，可按照各自意愿将客体访问控制权限授予其他主体。

② 各客体都拥有一个限定主体对其访问权限的访问控制列表（ACL）。

③ 每次访问时都以基于访问控制列表检查用户标志，实现对其访问权限控制。

④ DAC的有效性依赖于资源的所有者对安全政策的正确理解和有效落实。

DAC提供了适合多种系统环境的灵活方便的数据访问方式，是应用最广泛的访问控制策略。然而，它所提供的安全性可被非法用户绕过，授权用户在获得访问某资源的权限后，可能传送给其他用户。主要是在自由访问策略中，用户获得文件访问后，若不限制对该文件信息的操作，则无法限制数据信息的分发。所以DAC提供的安全性相对较低，无法对系统资源提供严格保护。

（2）强制访问控制

强制访问控制（MAC）是系统强制主体服从访问控制策略，是由系统对用户所创建的对象，按照规定的规则控制用户权限及操作对象的访问。MAC的主要特征是对所有主体及其所控制的进程、文件、段、设备等客体实施强制访问控制。在MAC中，每个用户及文件都被赋予一定的安全级别，只有系统管理员才可确定用户和组的访问权限，用户不能改变自身或任何客体的安全级别。系统通过比较用户和访问文件的安全级别，决定用户是否可以访问该文件。此外，MAC不允许通过进程生成共享文件，以通过共享文件将信息在进程中传递。MAC可通过使用敏感标签对所有用户和资源强制执行安全策略，一般采用三种方法：限制访问控制、过程控制和系统限制。MAC常用于多级安全军事系统，对专用或简单系统较有效，但对通用或大型系统不太有效。

MAC的安全级别有多种定义方式，安全级别一般有五级：绝密级（Top Secret，T）、秘密级（Secret，S）、机密级（Confidential，C）、限制级（Restricted，R）和无密级（Unclassified，U），其中秘密级别 T > S > C > R > U。所有系统中的主体（用户、进程）和客体（文件、数据）都分配安全标签，以标识安全等级，如图6-2所示。

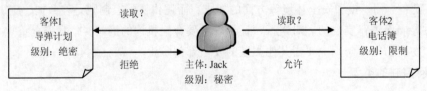

图6-2 强制访问控制

通常MAC与DAC结合使用，并实施一些附加的、更强的访问限制。一个主体只有通过自主与强制性访问限制检查后，才能访问其客体。用户可利用DAC来防范其他用户对自己客体的攻击，由于用户不能直接改变强制访问控制属性，所以强制访问控制提供了一个不可逾越的、更强的安全保护层，以防范偶然或故意地滥用 DAC。访问控制安全标签见表 6-2。

表 6-2　访问控制安全标签列表

用户	安全级别	文件	安全级别
用户 A	S	File 1	R
用户 B	C	File 2	T
…	…	…	…
用户 X	T	File n	S

表 6-2 中用户 A 的安全级别为 S，那么 A 请求访问文件 File 2 时，由于 T > S，访问会被拒绝；当 A 访问 File 1 时，由于 S > R，所以允许访问。

（3）基于角色的访问控制

角色（Role）是一定数量的权限的集合，指完成一项任务必须访问的资源及相应操作权限的集合。角色作为一个用户与权限的代理层，表示为权限和用户的关系，所有的授权应该给予角色而不是直接给用户或用户组。

基于角色的访问控制就是通过定义角色的权限，为系统中的主体分配角色来实现访问控制的，如图 6-3 所示。

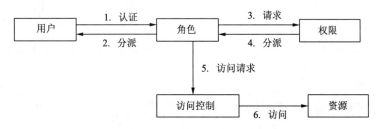

图 6-3　基于角色的访问控制

用户先经认证后获得一个角色，该角色被分派了一定的权限，用户以特定角色访问系统资源，访问控制机制，检查角色的权限，并决定是否允许访问。

基于角色的访问控制（Role-Based Access Control，RBAC）是通过对角色的访问所进行的控制。使权限与角色相关联，用户通过成为适当角色的成员而得到其角色的权限，可极大地简化权限管理。为了完成某项工作创建角色，用户可依其责任和资格分派相应的角色，角色可依新需求和系统合并赋予新权限，而权限也可根据需要从某角色中收回。减小了授权管理的复杂性，降低管理开销，提高企业安全策略的灵活性。

RBAC 模型的授权管理方法，主要有三种：

① 根据任务需要定义具体不同的角色。

② 为不同角色分配资源和操作权限。

③ 给一个用户组（Group，权限分配的单位与载体）指定一个角色。

RBAC 支持三个著名的安全原则：最小权限原则、责任分离原则和数据抽象原则。前者可将其角色配置成完成任务所需要的最小权限集。第二个原则可通过调用相互独立互斥的角色共同完成特殊任务，如核对账目等。后者可通过权限的抽象控制一些操作，如财务操作可用借款、存款等抽象权限，而不用操作系统提供的典型的读、写和执行权限。这些原则需要通过 RBAC

各部件的具体配置才可实现。

2．访问控制机制

访问控制机制是检测和防止系统未授权访问，并对保护资源所采取的各种措施，是在文件系统中广泛应用的安全防护方法。一般在操作系统的控制下，按照事先确定的规则决定是否允许主体访问客体，贯穿于系统全过程。

访问控制矩阵（Access Control Matrix）是最初实现访问控制机制的概念模型，以二维矩阵规定主体和客体间的访问权限。其行表示主体的访问权限属性，列表示客体的访问权限属性，矩阵格表示所在行的主体对所在列的客体的访问授权，空格为未授权，Y 为有操作授权。以确保系统操作按此矩阵授权进行访问。通过引用监控器协调客体对主体访问，实现认证与访问控制的分离。在实际应用中，对于较大系统，由于访问控制矩阵将变得非常大，其中有许多空格，造成较大的存储空间浪费，因此，较少利用矩阵方式，主要采用以下两种方法。

（1）访问控制列表

访问控制列表（Access Control List，ACL）是应用在路由器接口的指令列表，用于路由器利用源地址、目的地址、端口号等的特定指示条件对数据包的抉择。ACL 是以文件为中心建立访问权限表，表中记载了该文件的访问用户名和隶属关系。利用 ACL，容易判断出对特定客体的授权访问，可访问的主体和访问权限等。当将该客体的 ACL 置为空，可撤销特定客体的授权访问。

图 6-4 中对于客体 Object1，用户 A 具有管理、读和写的权限，用户 B 具有读和写的权限，用户 C 只能读。

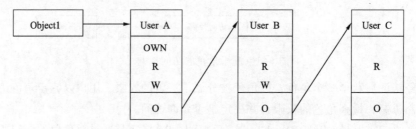

图 6-4　文件为中心的访问权限表

基于 ACL 的访问控制策略简单实用。在查询特定主体访问客体时，虽然需要遍历查询所有客体的 ACL，耗费较多资源，但仍是一种成熟且有效的访问控制方法。许多通用的操作系统都使用 ACL 提供该项服务。如 UNIX 和 VMS 系统利用 ACL 的简略方式，以少量工作组的形式，而不许单个个体出现，可极大地缩减列表大小，增加系统效率。

（2）能力关系表

能力关系表（Capabilities List）是以用户为中心建立访问权限表。与 ACL 相反，表中规定了该用户可访问的文件名及权限，利用此表可方便地查询一个主体的所有授权。相反，检索具有授权访问特定客体的所有主体，则需要查遍所有主体的能力关系表。

图 6-5 中是以用户为中心建立访问权限表，为每个主体附加一个该主体能够访问的客体的明细表。

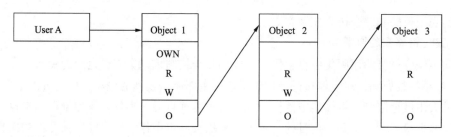

图 6-5　以用户为中心的访问权限表

6.1.3　单点登录的访问管理

通过单点登录（SSO）的基本概念和优势，主要优点是，可集中存储用户身份信息，用户只需一次向服务器验证身份，即可使用多个系统的资源，无须再向各客户机验证身份，可提高网络用户的效率，减少网络操作的成本，增强网络安全性。根据登录的应用类型不同，可将 SSO 分为三种类型。

1. 对桌面资源的统一访问管理

对桌面资源的访问管理，包括两个方面：

① 登录 Windows 后统一访问 Microsoft 应用资源。Windows 本身就是一个 SSO 系统。随着.NET 技术的发展，Microsoft SSO 将成为现实。通过 Active Directory 的用户组策略并结合 SMS 工具，可实现桌面策略的统一制定和统一管理。

② 登录 Windows 后访问其他应用资源。根据 Microsoft 的软件策略，Windows 并不主动提供与其他系统的直接连接。现在，已经有第三方产品提供上述功能，利用 Active Directory 存储其他应用的用户信息，间接实现对这些应用的 SSO 服务。

2. Web 单点登录

由于 Web 技术体系架构便捷，对 Web 资源的统一访问管理易于实现。在目前的访问管理产品中，Web 访问管理产品最为成熟。Web 访问管理系统一般与企业信息门户结合使用，提供完整的 Web SSO 解决方案。

3. 传统 C/S 结构应用的统一访问管理

在传统 C/S 结构应用上，实现管理前台的统一或统一入口是关键。采用 Web 客户端作为前台是企业最为常见的一种解决方案。

在后台集成方面，可以利用基于集成平台的安全服务组件或不基于集成平台的安全服务 API，通过调用信息安全基础设施提供的访问管理服务，实现统一访问管理。

在不同的应用系统之间，同时传递身份认证和授权信息是传统 C/S 结构的统一访问管理系统面临的另一项任务。采用集成平台进行认证和授权信息的传递是当前发展的一种趋势。可对 C/S 结构应用的统一访问管理结合信息总线（EAI）平台建设一同进行。

6.1.4　访问控制的安全策略

访问控制的安全策略是指在某个自治区域内（属于某个组织的一系列处理和通信资源范畴），用于所有与安全相关活动的一套访问控制规则。由此安全区域中的安全权力机构建立，并由此安全控制机构来描述和实现。访问控制的安全策略有三种类型：基于身份的安全策略、基于规则的安全策略和综合访问控制方式。

1. 安全策略实施原则

访问控制安全策略原则集中在主体、客体和安全控制规则集三者之间的关系。

① 最小特权原则。在主体执行操作时，按照主体所需权利的最小化原则分配给主体权力。优点是最大限度地限制了主体实施授权行为，可避免来自突发事件、操作错误和未授权主体等意外情况的危险。为了达到一定目的，主体必须执行一定操作，但只能做被允许的操作，其他操作除外。这是抑制特洛伊木马和实现可靠程序的基本措施。

② 最小泄露原则。主体执行任务时，按其所需最小信息分配权限，以防泄密。

③ 多级安全策略。主体和客体之间的数据流向和权限控制，按照安全级别的绝密（T）、秘密（S）、机密（C）、限制（R）和无密（U）五级来划分。其优点是避免敏感信息扩散。具有安全级别的信息资源，只有高于安全级别的主体才可访问。

在访问控制实现方面，实现的安全策略包括八个方面：入网访问控制、网络权限限制、目录级安全控制、属性安全控制、网络服务器安全控制、网络监测和锁定控制、网络端口和节点的安全控制和防火墙控制。

2. 基于身份和规则的安全策略

授权行为是建立身份安全策略和规则安全策略的基础，两种安全策略为：

（1）基于身份的安全策略

基于身份的安全策略主要用于过滤主体对数据或资源的访问。只有通过认证的主体才可以正常使用客体的资源。这种安全策略包括基于个人的安全策略和基于组的安全策略。

① 基于个人的安全策略。以用户个人为中心建立的策略，主要由一些控制列表组成。这些列表针对特定的客体，限定了不同用户所能实现的不同安全策略的操作行为。

② 基于组的安全策略。基于个人策略的发展与扩充，主要指系统对一些用户使用同样的访问控制规则，访问同样的客体。

（2）基于规则的安全策略

在基于规则的安全策略系统中，所有数据和资源都标注了安全标记，用户的活动进程与其原发者具有相同的安全标记。系统通过比较用户的安全级别和客体资源的安全级别，判断是否允许用户进行访问。这种安全策略一般具有依赖性与敏感性。

3. 综合访问控制策略

综合访问控制策略（HAC）继承和吸取了多种主流访问控制技术的优点，有效地解决了信息安全领域的访问控制问题，保护了数据的保密性和完整性，保证授权主体能访问客体和拒绝非授权访问。HAC 具有良好的灵活性、可维护性、可管理性、更细粒度的访问控制性和更高的安全性，为信息系统设计人员和开发人员提供了访问控制安全功能的解决方案。综合访问控制策略主要包括：

（1）入网访问控制

入网访问控制是网络访问的第一层访问控制。对用户可规定所能登录到的服务器及获取的网络资源，控制准许用户入网的时间和登录入网的工作站点。用户的入网访问控制分为用户名和口令的识别与验证、用户账号的默认限制检查。该用户若有任何一个环节检查未通过，就无法登录网络进行访问。

（2）网络的权限控制

网络的权限控制是防止网络非法操作而采取的一种安全保护措施。用户对网络资源的访问权限通常用一个访问控制列表来描述。

从用户的角度，网络的权限控制可分为以下三类用户：

① 特殊用户：具有系统管理权限的系统管理员等。

② 一般用户：系统管理员根据实际需要而分配一定操作权限的用户。

③ 审计用户：专门负责审计网络的安全控制与资源使用情况的人员。

（3）目录级安全控制

目录级安全控制主要是为了控制用户对目录、文件和设备的访问，或指定对目录下的子目录和文件的使用权限。用户在目录一级制定的权限对所有目录下的文件仍然有效，还可进一步指定子目录的权限。在网络和操作系统中，常见的目录和文件访问权限有：系统管理员权限（Supervisor）、读权限（Read）、写权限（Write）、创建权限（Create）、删除权限（Erase）、修改权限（Modify）、文件查找权限（File Scan）、控制权限（Access Control）等。一个网络系统管理员应为用户分配适当的访问权限，以控制用户对服务器资源的访问，进一步强化网络和服务器的安全。

（4）属性安全控制

属性安全控制可将特定的属性与网络服务器的文件及目录网络设备相关联。在权限安全的基础上，对属性安全提供更进一步的安全控制。网络上的资源都应先标识其安全属性，将用户对应网络资源的访问权限存入访问控制列表中，记录用户对网络资源的访问能力，以便进行访问控制。

属性配置的权限包括：向某个文件写数据、复制一个文件、删除目录或文件、查看目录和文件、执行文件、隐含文件、共享、系统属性等。安全属性可以保护重要的目录和文件，防止用户越权对目录和文件的查看、删除和修改等。

（5）网络服务器安全控制

网络服务器安全控制允许通过服务器控制台执行的安全控制操作包括：用户利用控制台装载和卸载操作模块、安装和删除软件等。操作网络服务器的安全控制还包括设置口令锁定服务器控制台，主要防止非法用户修改、删除重要信息。另外，系统管理员还可通过设定服务器的登录时间限制、非法访问者检测，以及关闭的时间间隔等措施，对网络服务器进行多方位的安全控制。

（6）网络监控和锁定控制

在网络系统中，通常服务器自动记录用户对网络资源的访问，如有非法的网络访问，服务器将以图形、文字或声音等形式向网络管理员报警，以便引起警觉进行审查。对试图登录网络者，网络服务器将自动记录企图登录网络的次数，当非法访问的次数达到设定值时，就会将该用户的账户自动锁定并进行记载。

（7）网络端口和节点的安全控制

网络中服务器的端口常用自动回复器、静默调制解调器等安全设施进行保护，并以加密的形式来识别节点的身份。自动回复器主要用于防范假冒合法用户，静默调制解调器用于防范黑客利用自动拨号程序进行网络攻击。还应经常对服务器端和用户端进行安全控制，如通过验证器检测用户真实身份，然后用户端和服务器再进行相互验证。

6.2　防火墙技术

6.2.1　防火墙概述

假设你想要见所在学校的计算机科学系的系主任，首先，可能需要联系计算机科学系的秘书。如果秘书认为会面是必要的，她就会做出安排，否则就不安排。通过这种方式，秘书就过滤掉了许多本来可能会占用系主任宝贵时间的请求。

一台防火墙扮演的角色就像网络的一个秘书。防火墙对想要访问网络的请求进行检查，并决定它们是否通过了一个合理的测试。如果通过测试，就允许这些访问通过；如果没通过，这些访问就会被拒绝。

如果想要见到某国总统，那他的秘书就会执行一种完全不同级别的过滤。这也类似防火墙的情况，有些简单的防火墙只过滤一些明显的伪造请求，而另外一些类型的防火墙则要花费大得多的代价过滤掉任何可疑的访问请求。

防火墙是设置在不同网络（如可信任的企业内部和不可信的公共网）或网络安全域之间的一系列部件的组合，是网络或网络安全域之间信息的唯一出入口，能根据用户的安全策略控制（允许、拒绝、监测）出入网络的信息流，且本身具有较强的抗攻击能力。它是提供信息安全服务、实现网络和信息安全的基础设施。在逻辑上，防火墙是一个分离器、一个限制器，也是一个分析器，能有效地监控内部网和 Internet 之间的任何活动，保证内部网络的安全，如图 6-6 所示。

1. 防火墙的目的

在网络中，防火墙是一种用来加强网络之间访问控制的特殊网络互联设备，如路由器、网关等。它对两个或多个网络之间传输的数据包和连接方式按照一定的安全策略进行检查，以决定网络之间的通信是否被允许。其中被保护的网络称为内部网络，另一方则称为外部网络或公用网络。它能有效地控制内部网络与外部网络之间的访问及数据传送，从而达到保护内部网络的信息不受外部非授权用户的访问和过滤不良信息的目的。

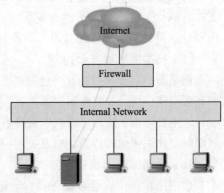

图 6-6　防火墙示意图

防火墙是一个或一组在两个网络之间执行访问控制策略的系统，包括硬件和软件，目的是保护网络不被可疑人侵扰。本质上，它遵从的是一种允许或阻止业务来往的网络通信安全机制，也就是提供可控的过滤网络通信，只允许授权的通信。

一个防火墙系统通常由屏蔽路由器和代理服务器组成。屏蔽路由器是一个多端口的 IP 路由器，它通过对每一个到来的 IP 包依据一组规则进行检查来判断是否对之进行转发。屏蔽路由器从包头取得信息，如协议号、收发报文的 IP 地址和端口号，连接标志以及另外一些 IP 选项，对 IP 包进行过滤。

通常，防火墙就是位于内部网或 Web 站点与 Internet 之间的一个路由器或一台计算机，又称堡垒主机。其目的如同一个安全门，为门内的部门提供安全，控制那些可被允许出入该受保护环境的人或物。就像工作在前门的安全卫士，控制并检查站点的访问者。

从理论上讲，防火墙用来防止 Internet 上的各类危险传播到内部的网络。事实上，防火墙服务用于多个目的：

① 限定人们从一个特别的节点进入。

② 防止入侵者接近防御设施。

③ 限定人们从一个特别的节点离开。

④ 有效地阻止破坏者对正常用户的计算机系统进行破坏。

Internet 防火墙常常被安装在内部网络和 Internet 的连接节点上，如图 6-7 所示。所有来自 Internet 的信息或从内部网络发出的信息都必须穿过防火墙，因此，防火墙能够确保诸如电子邮件、文件传输、远程登录或特定的系统间信息交换的安全。防火墙中有个 DMZ 区，又称"停火区"或者"非军事区"，网络管理员可将堡垒主机、信息服务器、Modem 组以及其他公用服务器放在 DMZ 网络中。DMZ 网络很小，处于 Internet 和内部网络之间，通过 DMZ 网络直接进行信息传输是严格禁止的。子网上还可放置一些服务器，以便于公众访问。这些服务器可能会受到攻击，即使这些服务器受到攻击，但内部网络还是被保护着的。

图 6-7　防火墙的位置

防火墙是既要保护内部网络免遭外界非授权访问，又要允许与 Internet 连接实现正常的信息交流。因此，防火墙应当根据安全计划和安全策略中的定义来保护网络，并具有以下功能：

① 所有进出网络的通信流应该通过防火墙。

② 所有穿过防火墙的通信流都必须有安全策略和计划的确认和授权。

③ 理论上说，防火墙是穿不透的。

利用防火墙能保护站点不被任意连接，甚至能建立跟踪工具，帮助总结并记录有关正在进行的连接资源、服务器提供的通信量以及试图闯入者的任何企图。

总之，防火墙是阻止外面的人对内部网络进行访问的设备，此设备通常是软件和硬件的组合体，它通常根据一些规则来挑选想要或不想要的地址。

随着 Internet 上越来越多的用户要访问 Web，运行如 Telnet、FTP 和 E-mail 等服务，系统管理者和 LAN 管理者必须能够在提供访问的同时，保护他们的内部网络，不给闯入者留有可乘之机。

需要防火墙防范的三种基本进攻：

① 间谍：试图偷走敏感信息的黑客、入侵者和闯入者。

② 盗窃：盗窃对象包括数据、Web 表格、磁盘空间、CPU 资源、连接等。

③ 破坏系统：通过路由器或主机/服务器蓄意破坏文件系统或阻止授权用户访问内部网络（外部网络）和服务器。

这里防火墙的作用是保护 Web 站点和公司的内部网络，使之免遭 Internet 上各种危险的侵犯。典型的防火墙建立在一个服务器/主机上，亦称"堡垒"，是一个多边协议路由器。这个堡垒有两个网络连接：一边与内部网相连，另一边与 Internet 相连。它的主要作用除了防止未经授权的或来自对 Internet 访问的用户外，还应包括为安全管理提供详细系统活动的记录。在有的配置中，堡垒主机经常作为一个公共 Web 服务器或一个 FTP 或 E-mail 服务器使用。

通过在防火墙上运行的专门 HTTP 服务器，可使用"代理"服务器，以访问防火墙另一边的 Web 服务器。

防火墙的基本目的之一是防止黑客侵扰站点。网络站点经常暴露于无数威胁之中，而防火墙可以防止外部连接。此外，还应小心局域网内的非法 Modem 连接，特别是当 Web 服务器在受保护的局域网内时。

当 Web 站点置于内部网中时，也要提防内部袭击，对于这种情况，防火墙几乎无用。例如，若一个心怀不满的雇员拔掉 Web 服务器的插头，将其关闭，防火墙将对此无能为力。防火墙不是万无一失的，其目的只是加强安全性，而不是保证安全。

2．防火墙的特性

一个好的防火墙系统应具有以下三方面的特性：

① 所有在内部网络和外部网络之间传输的数据必须通过防火墙。

② 只有被授权的合法数据即防火墙系统中安全策略允许的数据可以通过防火墙。

③ 防火墙本身不受各种攻击的影响。

同时，防火墙具有的基本准则是：

（1）过滤不安全服务

基于这个准则，防火墙应封锁所有信息流，然后对希望提供的安全服务逐项开放，把不安全的服务或可能有安全隐患的服务一律扼杀在萌芽之中。这是一种非常有效而实用的方法，可以形成十分安全的环境，因为只有经过仔细挑选的服务才能允许被用户使用。

（2）过滤非法用户和访问特殊站点

基于这个准则，防火墙应允许所有用户和站点对内部网络进行访问，然后网络管理员按照 IP 地址对未授权的用户或不信任的站点进行逐项屏蔽。这种方法构成了一种更为灵活的应用环境，网络管理员可以针对不同的服务面向不同的用户开放，也就是能自由地设置各个用户的不同访问权限。

3．防火墙的优点

（1）防火墙能强化安全策略

因为在 Internet 上每天都有上百万的人浏览和交换信息，所以不可避免地会出现个别品德不良或违反 Internet 规则的人。防火墙是为了防止不良现象发生的"交通警察"，它执行网络的安全策略，仅仅允许经许可的、符合规则的请求通过。

（2）防火墙能有效地记录 Internet 上的活动

因为所有进出内部网信息都必须通过防火墙，所以防火墙非常适合收集网络信息。作为网间访问的唯一通路，防火墙能够记录内部网络和外部网络之间发生的所有事件。

（3）防火墙可以实现网段控制

防火墙能够用来隔开网络中的某一个网段，这样它就能够有效地控制该网段中的问题在整个网络中传播。

（4）防火墙是一个安全策略的检查站

所有进出网络的信息都必须通过防火墙，这样防火墙便成为一个安全检查站，把所有可疑的访问拒之门外。

4．防火墙的缺点

防火墙技术是内部网络最重要的安全技术之一，但防火墙也有其明显的局限性。

（1）防火墙防外不防内

防火墙的安全控制只能作用于外对内或内对外，即对外可屏蔽内部的拓扑结构，封锁外部网上的用户连接内部网上的重要站点或某些端口；对内可屏蔽外部危险站点，但它很难解决内部网控制内部人员的安全问题，即防外不防内。若用户不通过网络，比如将数据复制到光盘或U 盘上，然后放在公文包中带出去。如果入侵者是在防火墙内部，那么它也是无能为力的。内部用户可以不通过防火墙而偷窃数据、破坏硬件和软件等。据权威部门统计表明，网络上的安全攻击事件有 80% 以上来自内部。

（2）防火墙难于管理和配置，易造成安全漏洞

防火墙的管理及配置相当复杂，要想成功维护防火墙，就要求防火墙管理员对网络安全攻击的手段及其与系统配置的关系有相当深刻的了解；防火墙的安全策略无法进行集中管理，一般来说，由多个系统（路由器、过滤器、代理服务器、网关、堡垒主机）组成的防火墙，管理上有所疏忽是在所难免的。

（3）很难为用户在防火墙内外提供一致的安全策略

许多防火墙对用户的安全控制主要是基于用户所有机器的 IP 地址而不是用户身份，这样就很难为同一用户在防火墙内外提供一致的安全控制策略，限制了网络的物理范围。

（4）防火墙只实现了粗粒度的访问控制

防火墙只实现了粗粒度的访问控制，且不能与网络内部使用的其他安全（如访问控制）集中使用。这样，就必须为网络内部的身份验证和访问控制管理维护单独的数据库。

（5）防火墙不能防范病毒

防火墙不能防范网络上或 PC 中的病毒。虽然许多防火墙可以扫描所有通过它的信息，以决定是否允许它通过，但这种扫描是针对源地址、目标地址和端口号，而不是数据的具体内容。即使是先进的数据包过滤系统，也难以防范病毒，因为病毒的种类太多，而且病毒可以通过多种手段隐藏在数据中。防火墙要检测随机数据中的病毒十分困难，因为它难以达到以下要求：

① 确认数据包是程序的一部分。

② 确定程序的功能。

③ 确定病毒引起的改变。

事实上，大多数防火墙采用不同的方式来保护不同类型的机器。当数据在网络上进行传输时，要被打包并经常被压缩，这样便给病毒带来了可乘之机。无论防火墙多么安全，用户只能在防火墙后面清除病毒。

6.2.2　防火墙的类型

防火墙是近期发展起来的一种保护计算机网络安全的技术性措施，它是一个用以阻止网络中的黑客访问某个机构网络的屏障，也可称为控制进/出两个方向通信的门槛。在网络边界上通过建立起来的相应网络通信监控系统来隔离内部和外部网络，以阻挡外部网络的侵入。目前的防火墙主要有以下三种类型。

1．包过滤防火墙

包过滤防火墙设置在网络层，可以在路由器上实现包过滤。首先应建立一定数量的信息过滤表，信息过滤表是以其收到的数据包头信息为基础而建成的。信息包头含有数据包源 IP 地址、目的 IP 地址、传输协议类型（如 TCP、UDP、ICMP 等）、协议源端口号、协议目的端口号、连接请求方向、ICMP 报文类型等。当一个数据包满足过滤表中的规则时，则允许数据包通过，否则禁止通过。这种防火墙可以用于禁止外部不合法用户对内部的访问，也可以用来禁止访问某些服务类型。但包过滤技术不能识别有危险的信息包，无法实施对应用级协议的处理，也无法处理 UDP、RPC 或动态协议。

2．代理防火墙

代理防火墙又称应用层网关级防火墙，它由代理服务器和过滤路由器组成，是目前较流行的一种防火墙。它将过滤路由器和软件代理技术结合在一起。过滤路由器负责网络互联，并对数据进行严格选择，然后将筛选的数据传送给代理服务器。代理服务器起到外部网络申请访问内部网络的中间转接作用，其功能类似于一个数据转发器，它主要控制哪些用户能访问哪些服务类型。当外部网络向内部网络申请某种网络服务时，代理服务器接收申请，然后它根据其服务类型、服务内容、被服务的对象、服务者申请的时间、申请者的域名范围等决定是否接受此项服务，如果接受，它就向内部网络转发这项请求。代理防火墙无法快速支持一些新出现的业务（如多媒体）。现在较为流行的代理服务器软件是 WinGate 和 Proxy Server。

3．混合型防火墙

各种类型的防火墙各有其优缺点。当前的防火墙产品已不是单一的包过滤型或应用代理型防火墙，而是将各种安全技术结合起来，形成一个混合的多级防火墙，以提高防火墙的灵活性和安全性。

6.2.3　防火墙的安全策略

在建立防火墙保护网络之前，网络管理员必须制定一套完整有效的安全策略。仅建立防火墙系统，而没有全面的安全策略，那么防火墙形同虚设。一般这种安全策略分为两个层次：网络服务访问策略和防火墙设计策略。

1．网络服务访问策略

网络服务访问策略是一种高层次的、具体到事件的策略，主要用于定义在网络中允许的或禁止的网络服务，而且还包括对拨号访问以及 SLIP/PPP 连接的限制。这种策略一定要具有现实性和完整性。策略的制定者应该解决和存档以下问题：

① 需要什么 Internet 服务，如 Telnet、WWW、NFS 等。

② 在哪里使用这些服务，如本地、穿越 Internet、在家里或远方的办公机构等。

③ 是否应当支持拨号入网和加密等其他服务。

④ 提供这些服务的风险是什么。

⑤ 若提供这种保护，可能会导致网络使用上的不方便等负面影响，这些影响会有多大，是否值得付出这种代价。

⑥ 和可用性相比，公司把安全性放在什么位置。

【案例 6.1】防火墙的访问控制规则的制定。

网络级防火墙简洁、速度快、费用低，并且对用户透明，但是对网络的保护很有限，因为它只检查地址和端口，对网络更高协议层的信息无理解能力。下面是某一网络级防火墙的访问控制规则：

① 允许网络 123.1.0.1 使用 FTP（21 端口）访问主机 150.0.0.1。

② 允许 IP 地址为 202.103.1.18 和 202.103.1.14 的用户 Telnet（23 端口）到主机 150.0.0.2 上。

③ 允许任何地址的 E-mail（25 端口）进入主机 150.0.0.3。

④ 允许任何 WWW 数据（80 端口）通过。

⑤ 不允许其他数据包进入。

2．防火墙设计策略

在制定防火墙的设计策略之前，必须了解防火墙的性能以及缺点、TCP/IP 本身所具有的易受攻击性和危险。防火墙一般执行以下两种基本设计策略中的一种：

① 一切未被禁止的就是允许的：在该规则下，防火墙只禁止符合屏蔽规则的信息，而未被禁止的所有信息将被转发。

② 一切未被允许的就是禁止的：在该规则下，防火墙封锁所有的信息流，而只允许符合开放规则的信息转发。

第一种策略并不是可取的，因为它给入侵者更多的机会绕过防火墙。在这种策略下，用户可以访问没有被策略所说明的新的服务。例如，用户可以在没有被策略特别设计的非标准的 TCP/UDP 端口上执行被禁止的服务。

但是，有些服务如 X 窗口、FTP、Archie 和 RPC 是很难过滤的，所以建议管理员执行第一种策略。虽然第二种策略更加严格、更加安全，但它更难于执行，并对用户的约束也存在重复。在这种情况下，前面所讲的服务都应被阻止或被删去。

防火墙可以实施一种宽松的政策（第一种），也可以实施一种限制性政策（第二种），这就是制定防火墙策略的入手点。

总而言之，防火墙是否适合取决于安全性和灵活性的要求，所以在实施防火墙之前，考虑策略是至关重要的，否则会导致防火墙不能达到要求。

6.2.4　防火墙的技术

到目前为止，防火墙的技术大体上可以包括：包过滤技术、代理技术、网络地址转换技术、状态检查技术、加密技术、安全审计技术、安全内核技术、身份认证技术、负载均衡技术等方面。这里主要介绍包过滤技术、代理技术、网络地址转换技术。

1．包过滤技术

包过滤技术（Packet Filter）是防火墙为系统提供安全保障的主要技术，它通过设备对进出网络的数据流进行有选择地控制与操作。包过滤操作通常在选择路由的同时对数据包进行过滤

（通常是对从 Internet 到内部网络的包进行过滤）。用户可以设定一系列规则，指定允许哪些类型的数据包可以流入或流出内部网络；哪些类型数据包的传输应该被拦截。

包过滤规则以 IP 包信息为基础，对 IP 包的源地址、IP 包的目的地址、封装协议（TCP/UDP/ICMP Tunnel）、端口号等进行筛选。包过滤操作可以在路由器上进行，也可以在网桥，甚至在一个单独的主机上进行，如图 6-8 所示。

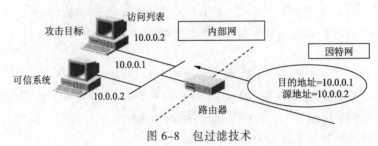

图 6-8　包过滤技术

传统的包过滤只是与规则表进行匹配。防火墙的 IP 包过滤，主要是根据一个有固定排序的规则链过滤，其中的每个规则都包含 IP 地址、端口、传输方向、分包、协议等多项内容。同时，一般防火墙的包过滤规则是在启动时配置好的，只有系统管理员才可以修改，是静态存在的，称为静态规则。

2. 代理技术

应用代理或代理服务器（Application Level Proxy or Proxy Server）是代理内部网络用户与外部网络服务器进行信息交换的程序。它将内部用户的请求确认后送达外部服务器，同时将外部服务器的响应再回送给用户。这种技术被用于在 Web 服务器上高速缓存信息，并且扮演 Web 客户和 Web 服务器之间的中介角色。它主要保存 Internet 上那些最常用和最近访问过的内容，为用户提供更快的访问速度，并且提高网络安全性。这项技术对 ISP 很常见，特别是如果它到 Internet 的连接速度很慢的情况下。在 Web 上，代理首先试图在本地寻找数据，如果没有，再到远程服务器上去查找，也可以通过建立代理服务器允许在防火墙后面直接访问 Internet。代理在服务器上打开一个套接字，并允许通过这个套接字与 Internet 通信，如图 6-9 所示。

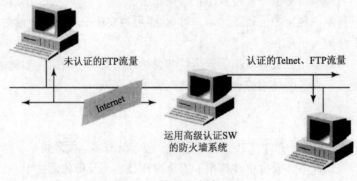

图 6-9　代理防火墙

3. 网络地址转换技术

网络地址转换（NAT）是一种用于把内部 IP 地址转换成临时的、外部的、注册的 IP 地址的标准。它允许具有私有 IP 地址的内部网络访问 Internet。它还意味着用户不需要为其网络中每台机器取得注册的 IP 地址。NAT 的工作过程如图 6-10 所示。

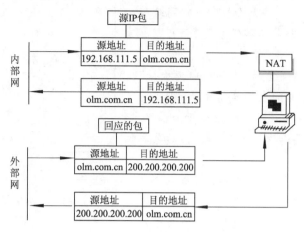

图 6-10　NAT 的工作过程

在内部网络通过安全网卡访问外部网络时，将产生一个映射记录。系统将外出的源地址和源端口映射为一个伪装的地址和端口，让该伪装的地址和端口通过非安全网卡与外部网络连接，这样对外就隐藏了真实的内部网络地址。在外部网络通过非安全网卡访问内部网络时，它并不知道内部网络的连接情况，而只是通过一个开放的 IP 地址和端口来请求访问。防火墙根据预先定义好的映射规则来判断这个访问是否安全。当符合规则时，防火墙认为访问是安全的，可以接受访问请求，也可以将连接请求映射到不同的内部计算机中。当不符合规则时，防火墙认为该访问是不安全的，不能被接受，防火墙将屏蔽外部的连接请求。NAT 的过程对于用户来说是透明的，不需要用户进行设置，用户只要进行常规操作即可。

【案例 6.2】Windows 7 的 Internet 连接防火墙。

Windows 7 防火墙是充当 Windows 网络与外部世界之间的保卫边界的安全系统。Internet 连接防火墙（ICF）是用来限制哪些信息可以从用户自己的网络进入 Internet 以及从 Internet 进入用户自己网络的一种软件。通过 ICF 启动或禁用 Internet 控制消息协议（ICMP），达到网络防护的目的。ICF 安全记录功能提供了一种创建防火墙活动日志文件的方式。ICF 能够记录被许可的和被拒绝的通信。例如，默认情况下，防火墙不允许来自 Internet 的传入回显请求通过。如果没有启用 Internet 控制消息协议"允许传入的回显请求"，那么传入请求将失败，并生成传入失败的日志项。

Windows 7 防火墙的设置必须以计算机管理员身份登录才能完成该过程。

需要注意以下几点：

- 默认情况下，启用 ICF 时不启用安全日志记录。
- 不管是启用还是禁用安全日志记录，Internet 连接防火墙都将可用。
- 因为 ICF 将干预文件和打印机共享，因此不应该启用虚拟专用网络（VPN）连接上的 Internet 连接防火墙。
- 无法在 Internet 连接共享主机的专用连接上启用 ICF。
- Internet 连接共享、Internet 连接防火墙、发现和控制，以及网桥在 Windows 7 64-bit Edition 中都是可用的。

（1）启用 Internet 连接防火墙

① 单击"开始"→"控制面板"→"网络和 Internet"下的"查看网络状态和任务"超链接，出现图 6-11 所示的窗口。

② 在窗口中单击左下角的"Windows 防火墙"超链接，然后在打开窗口的左侧单击"打开或关闭 Windows 防火墙"超链接，如图 6-12 所示。

③ 根据自己的需要选择打开或关闭，然后再单击"确定"按钮即可。

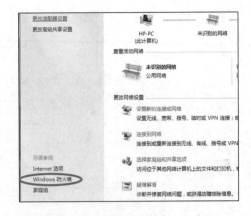

图 6-11 "网络和共享中心"窗口

- 若要启用 Internet 连接防火墙，可选中"启用 Windows 防火墙"复选框，再根据自己的需要选择"阻止所有传入连接，包括位于允许程序序列表中的程序""Windows 防火墙阻止新程序时通知我"复选框。

- 若要禁用 Internet 连接防火墙，可选择"关闭 Windows 防火墙（不推荐）"复选框。

④ 在图 6-12 中，单击"高级设置"按钮，可以对防火墙进行高级设置，设置入站规则、出站规则等，如图 6-13 所示。

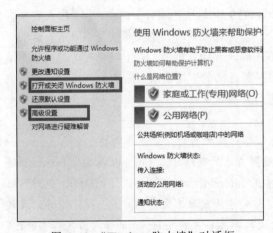

图 6-12 "Windows 防火墙"对话框

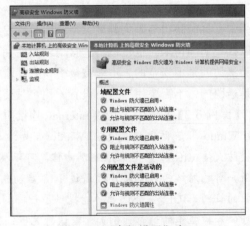

图 6-13 "高级设置"窗口

（2）安全日志的管理

防火墙日志的默认名称是 pfirewall.log，位置在 Windows 文件夹中。可以设置允许大小的安全日志文件，来防止拒绝服务攻击所导致的潜在溢出。生成事件日志的格式是扩展日志文件格式，与万维网联盟（W3C）建立的相同。安全日志的默认最大限制值是 4 096 KB，最大的日志文件大小是 32 767 KB。如果超过了 pfirewall.log 允许的大小，则该日志文件包含的信息将被写入到新的文件并另存为 pfirewall.log.1。新的信息保存在 pfirewall.log 中。

在图 6-13 中，选择"操作"→"属性"命令，在弹出的对话框中单击"日志"组中的"自定义"按钮，弹出"自定义 域配置文件 的日志设置"对话话，对安全日志进行设置，如图 6-14 所示。安全日志的记录选项有两项，可以在选项后面选择"是"或"否"，"否"为默认值。

- 若要启用对不成功的入站连接尝试的记录，可在"记录被丢弃的数据包"中选择"是"。
- 若要禁用对成功的出站连接的记录，可在"记录成功的连接"中选择"是"。

（3）更改日志文件的路径和文件名

① 单击图 6-14 中"名称"文本框后面的"浏览"按钮，浏览要放置日志文件的位置。

② 弹出"打开"对话框，在"文件名"文本框中输入新的日志文件名（或者将其保留为空以接受默认名称 pfirewall.log），然后单击"打开"按钮。

应当注意：调整日志文件大小前必须启用 ICF。

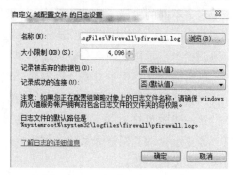

图 6-14 "安全日志"选项卡

6.2.5 防火墙技术趋势

1. 高速的性能

未来的防火墙将能有效消除制约传统防火墙的性能瓶颈。现在大多数防火墙产品都支持 NAT 功能。它可以让受防火墙保护的一方的 IP 地址不被暴露，但是启用 NAT 后势必会对防火墙系统的性能有所影响。另外，防火墙系统中集成的 VPN 解决方案必须是真正的限速运行，否则将成为网络通信的瓶颈。在提高防火墙性能方面，状态检测型防火墙比包过滤型防火墙更具优势。可以肯定，基于状态检测的防火墙将具有更大的发展空间。

2. 良好的可扩展性

对于一个好的防火墙系统而言，它的规模和功能应该能够适应网络规模和安全策略的变化。未来的防火墙系统应该是一个可随意伸缩的模块化解决方案，包括从最基本的包过滤器到带加密功能的 VPN 型包过滤器，直至一个独立的应用网关，使用户有充分的余地构建自己所需要的防火墙体系。

3. 与其他网络安全产品的协同互动

防火墙只是一个基础的网络安全设备，它需要与防病毒系统和入侵检测系统等安全产品协同配合，才能从根本上保证系统的安全。所以未来的防火墙能够与其他安全产品协同工作。越来越多的防火墙产品将支持 OPSEC，通过这个接口与入侵检测系统协同工作，通过 CVP 与防病毒系统协同工作。

4. 简化的安装与管理

许多防火墙产品并未起到预期作用，其原因在于配置和安装上存在错误。因此，未来的防火墙将具有更易于进行配置的图形用户界面。

总之，未来的防火墙技术会全面考虑网络的安全、操作系统的安全、应用程序的安全和用户数据的安全。此外，网络防火墙产品还将 Web 页面超高速缓存、VPN 和带宽管理等前沿技术与防火墙自身功能结合起来。

6.3 物理隔离技术

6.3.1 隔离技术的发展历程

网络隔离（Network Isolation）主要是指把两个或两个以上可路由的网络（如 TCP/IP）通过

不可路由的协议（如 IPX/SPX、NetBEUI 等）进行数据交换而达到隔离目的。由于其原理主要是采用了不同的协议，所以通常又称协议隔离（Protocol Isolation）。1997 年，信息安全专家 Mark Joseph Edwards 在他编写的 *Understanding Network Security* 一书中对协议隔离进行了归类。在书中他明确指出了协议隔离和防火墙不属于同类产品。

隔离概念是在保护高安全度网络环境的情况下产生的，隔离产品的大量出现，也是经历了五代隔离技术不断的实践和理论相结合后得来的。

第一代隔离技术——完全隔离。此方法使得网络处于信息孤岛状态，做到了完全的物理隔离，需要至少两套网络和系统，更重要的是信息交流的不便和成本的提高，这样给维护和使用带来了极大的不便。

第二代隔离技术——硬件卡隔离。在客户端增加一块硬件卡，客户端硬盘或其他存储设备首先连接到该卡，然后再转接到主板上，通过该卡能控制客户端硬盘或其他存储设备。而在选择不同的硬盘时，同时选择了该卡上不同的网络接口，连接到不同的网络。但是，这种隔离产品有的仍然需要网络布线为双网线结构，产品存在着较大的安全隐患。

第三代隔离技术——数据转播隔离。利用转播系统分时复制文件的途径实现隔离，切换时间非常长，甚至需要手工完成，不仅明显减缓了访问速度，更不支持常见网络应用，失去了网络存在的意义。

第四代隔离技术——空气开关隔离。它是通过使用单刀双掷开关，使得内外部网络分时访问临时缓存器来完成数据交换的，但在安全和性能上存在许多问题。

第五代隔离技术——安全通道隔离。此技术通过专用通信硬件和专有安全协议等安全机制，实现内外部网络的隔离和数据交换，不仅解决了以前隔离技术存在的问题，并有效地把内外部网络隔离开，而且高效地实现了内外网数据的安全交换，透明支持多种网络应用，成为当前隔离技术的发展方向。

6.3.2 物理隔离的定义

所谓"物理隔离"，是指内部网不直接或间接地连接公共网。物理安全的目的是保护路由器、工作站、网络服务器等硬件实体和通信链路免受自然灾害、人为破坏和搭线窃听攻击。只有使内部网和公共网物理隔离，才能真正保证内部信息网络不受来自互联网的黑客攻击。此外，物理隔离也为内部网划定了明确的安全边界，使得网络的可控性增强，便于内部管理。

物理隔离在安全上主要有以下三点要求：

① 在物理传导上使内外网络隔断，确保外部网络不能通过网络连接而侵入内部网络；同时防止内部网络信息通过网络连接泄露到外部网络。

② 在物理辐射上隔断内部网络与外部网络，确保内部网络信息不会通过电磁辐射或耦合方式泄露到外部网络。

③ 在物理存储上隔断两个网络环境，对于断电后会遗失信息的部件，如内存、处理器等暂存部件，要在网络转换时清除处理，防止残留信息出网；对于断电非遗失性设备，如磁带机、硬盘等存储设备，内部网络与外部网络要分开存储。

6.3.3 物理隔离功能及实现技术分析

1. 物理隔离网闸的定位

物理隔离技术，不是要替代防火墙、入侵检测、漏洞扫描和防病毒系统，相反，它是用户"深度防御"的安全策略的另外一块基石。物理隔离技术，是绝对要解决互联网的安全问题，而不是什么其他问题。

2. 物理隔离要解决的问题

解决目前防火墙存在的根本问题：

① 防火墙对操作系统的依赖，因为操作系统也有漏洞。

② TCP/IP 的协议漏洞：不使用 TCP/IP。

③ 防火墙、内网和 DMZ 同时直接连接。

④ 应用协议的漏洞，因为命令和指令可能是非法的。

⑤ 文件带有病毒和恶意代码：不支持 MIME，只支持 TXT，或杀病毒软件，或恶意代码检查软件。

物理隔离的指导思想与防火墙有很大不同，防火墙的思路是在保障互联互通的前提下，尽可能安全，而物理隔离的思路是在保证必须安全的前提下，尽可能互联互通。

3. TCP/IP 的漏洞

TCP/IP 目标是要保证通达，保证传输的粗犷性。通过来回确认保证数据的完整性，不确认则要重传。TCP/IP 没有内在的控制机制支持源地址的鉴别以证实 IP 的来源，这就是 TCP/IP 漏洞的根本原因。黑客利用该 TCP/IP 漏洞，可以使用侦听的方式截获数据，能对数据进行检查，推测 TCP 的系列号，修改传输路由，修改鉴别过程，插入黑客的数据流。莫里斯病毒就是利用这一漏洞，给互联网造成巨大危害。

4. 防火墙的漏洞

防火墙要保证服务，必须开放相应的端口。防火墙要准许 HTTP 服务，就必须开放 80 端口，要提供 MAIL 服务，就必须开放 25 端口等。对开放的端口进行攻击，防火墙不能阻止。利用 DoS 或 DDoS，对开放的端口进行攻击，防火墙无法禁止。利用开放服务流入的数据来攻击，防火墙无法阻止。利用开放服务的数据隐蔽隧道进行攻击，防火墙无法阻止。攻击开放服务的软件缺陷，防火墙无法阻止。

防火墙不能阻止对自己的攻击，只能强制对抗。防火墙本身是一种被动防卫机制，不是主动安全机制。防火墙不能干涉还没有到达防火墙的包，如果这个包是攻击防火墙的，只有已经发生了攻击，防火墙才可以对抗，根本不能阻止。

目前还没有一种技术可以解决所有安全问题，但是防御的深度愈深，网络愈安全。物理隔离网闸是目前唯一能解决上述问题的安全设备。

6.3.4 物理隔离的技术原理

物理隔离的实现原理如下：

如图 6-15 所示，外网是安全性不高的互联网，内网是安全性很高的内部专用网络。正常情况下，隔离设备和外网，隔离设备和内网，外网和内网是完全断开的。保证网络之间是完全断开的。隔离设备可以理解为纯粹的存储介质和一个单纯的调度和控制电路。

图 6-15　完全隔离状态

当外网需要有数据到达内网时，以电子邮件为例，外部的服务器立即发起对隔离设备的非 TCP/IP 协议的数据连接，隔离设备将所有的协议剥离，将原始数据写入存储介质。根据不同的应用，可能有必要对数据进行完整性和安全性检查，如防病毒和恶意代码等，如图 6-16 所示。

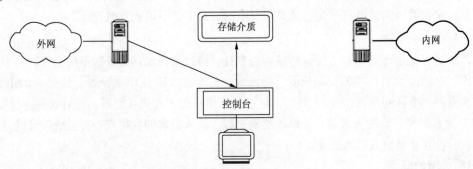

图 6-16　外网向内网发送邮件步骤一

一旦数据完全写入隔离设备的存储介质，隔离设备立即中断与外网的连接。转而发起对内网的非 TCP/IP 协议的数据连接。隔离设备将存储介质内的数据推向内网。内网收到数据后，立即进行 TCP/IP 的封装和应用协议的封装，并交给应用系统。

此时内网电子邮件系统就收到了外网的电子邮件系统通过隔离设备转发的电子邮件，如图 6-17 所示。

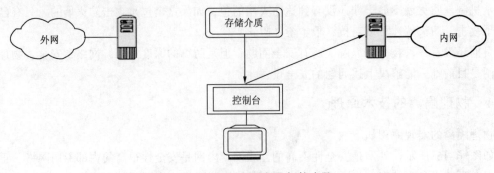

图 6-17　外网向内网发送邮件步骤二

在控制台收到完整的交换信号之后，隔离设备立即切断隔离设备与内网的直接连接，如图6-18所示。

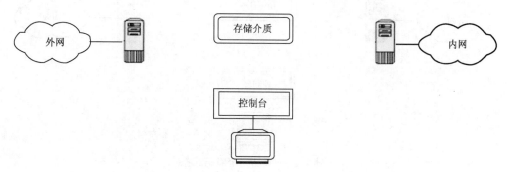

图 6-18　恢复完全隔离状态

如果这时，内网有电子邮件要发出，隔离设备收到内网建立连接的请求之后，建立与内网之间的非 TCP/IP 协议的数据连接。隔离设备剥离所有的 TCP/IP 协议和应用协议，得到原始的数据，将数据写入隔离设备的存储介质，如图 6-19 所示。如果有必要，对其进行防病毒处理和防恶意代码检查，然后中断与内网的直接连接。

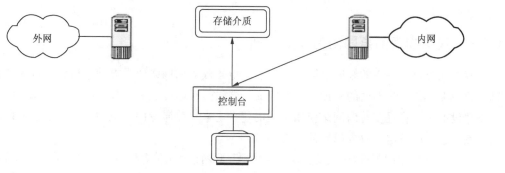

图 6-19　内网向外网发送邮件步骤一

一旦数据完全写入隔离设备的存储介质，隔离设备立即中断与内网的连接。转而发起对外网的非 TCP/IP 协议的数据连接。隔离设备将存储介质内的数据推向外网。外网收到数据后，立即进行 TCP/IP 的封装和应用协议的封装，并交给系统，如图 6-20 所示。

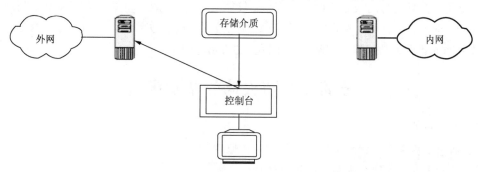

图 6-20　内网向外网发送邮件步骤二

控制台收到信息处理完毕后，立即中断隔离设备与外网的连接，恢复到完全隔离状态，如

图 6-21 所示。

图 6-21 恢复完全隔离状态

每一次数据交换，隔离设备经历了数据的接收、存储和转发三个过程。由于这些规则都是在内存和内核内完成的，因此速度上有保证，可以达到 100% 的总线处理能力。

物理隔离的一个特征，就是内网与外网永不连接，内网和外网在同一时间最多只有一个同隔离设备建立非 TCP/IP 协议的数据连接。其数据传输机制是存储和转发。

物理隔离的好处是明显的，即使外网在最坏的情况下，内网不会有任何破坏。修复外网系统也非常容易。

6.3.5 我国物理隔离网闸的发展空间

我国在经过了多年的政府上网工程之后，电子政务的网络建设方向今后将有重大变化：外网的建设尤其是门户网站的建设已基本完成，建设热潮已经过去，投资将大大减少；电子政务网络建设的重点将逐步转向网络应用工程的建设上来；政府专网将成为今后电子政务网络建设的焦点，也是政府电子政务投资的主要领域。

我国政府内网（局域网）仅仅实现了连接到互联网，大量信息资源库建设尚处于起步阶段，内网很多功能尚未实现。从电子政务发展需要来看，政府专网已经是电子政务建设不可或缺的部分，今后，政府专网的数量将有望大增。

电子政务网一头连接着民众，一头连接着政府，电子政务的内网和专网上存储着许多重要或敏感的数据，运行着重要的应用，电子政务网的特殊运行环境，要求它既要保证高强度的安全，又要通过互联网与民众方便地交换信息。仅靠防火墙，无法防止内部信息泄露、病毒感染、黑客入侵。业内人士认为，物理隔离网闸（GAP）技术在电子政务建设中的广泛应用是必然的，电子政务网的建设为物理隔离网闸提供了巨大的市场空间。

实训 5　防火墙的基本配置

1. 实训目的

① 通过实验深入理解防火墙的功能和工作原理。

② 熟悉天网防火墙个人版的配置和使用。

2. 实训环境

实验室所有机器安装了 Windows Server 2016 操作系统，组成了局域网，并安装了天网防火墙。

3. 实训内容

天网防火墙的配置步骤：

① 运行天网防火墙设置向导，根据向导进行基本设置。

② 启动天网防火墙，运用它拦截一些程序的网络连接请求，如启动 Microsoft Baseline Security Analyzer，则天网防火墙会弹出报警窗口。此时选中"该程序以后都按照这次的操作运行"，允许 MBSA 对网络的访问。

③ 打开应用程序规则窗口，可设置 MBSA 的安全规则，如使其只可以通过 TCP 协议发送信息，并制定协议只可使用端口 21 和 8080 等。

了解应用程序规则设置方法：

① 使用 IP 规则配置，可对主机中每一个发送和传输的数据包进行控制；ping 局域网内机器，观察能否收到 reply；修改 IP 规则配置，将"允许自己用 ping 命令探测其他机器"改为禁止并保存，再次 ping 局域网内同一台机器，观察能否收到 reply。

② 将"允许自己用 ping 命令探测其他机器"改回为允许，但将此规则下移到"防御 ICMP 攻击"规则之后，再次 ping 局域网内的同一台机器，观察能否收到 reply。

③ 添加一条禁止邻居同学主机连接本地计算机 FTP 服务器的安全规则；邻居同学发起 FTP 请求连接，观察结果。

④ 观察应用程序使用网络的状态，有无特殊进程在访问网络，若有，可用"结束进程"按钮禁止它们。

⑤ 查看防火墙日志，了解记录的格式和含义。

习　　题

一、选择题

1. 访问控制包括三个要素：主体、客体和（　　　）。

　　A. 第三方　　　　　B. 访问策略　　　　　C. 控制策略　　　　　D. 组织

2. 访问控制的内容包括控制策略、安全审计和（　　　）。

　　A. 认证　　　　　B. 访问　　　　　C. 检测　　　　　D. 控制

3. 访问控制类型有三种模式：自主访问控制、强制访问控制和（　　　）。

　　A. 认证访问控制　　　　　　　　　　B. 基于角色访问控制

　　C. 基于项目访问控制　　　　　　　　D. 基于 IP 的访问控制

4. 访问控制的安全策略有三种类型：基于身份的安全策略、综合访问控制方式和（　　　）。

　　A. 基于账号的安全策略　　　　　　　B. 基于角色的安全策略

　　C. 基于规则的安全策略　　　　　　　D. 基于控制的安全策略

5. 防火墙防范的三种基本进攻是间谍、盗窃和（　　　）。

　　A. 入侵　　　　　B. 木马　　　　　C. 病毒　　　　　D. 破坏系统

6. 目前的防火墙主要有三种类型，分别是包过滤防火墙、混合防火墙和（　　　）。

　　A. 代理防火墙　　　B. 个人防火墙　　　C. 企业防火墙　　　D. 堡垒防火墙

7. 防火墙的技术大体上可以包括多种技术，但不包括（　　　）。

A. 包过滤技术　　　　B. 代理技术　　　　　C. 加密技术　　　　　D. 防病毒技术

8. 隔离概念是在为了保护高安全度网络环境的情况下产生的，隔离产品的大量出现，也是经历了（　　）代隔离技术。

A. 一　　　　　　　　B. 三　　　　　　　　C. 五　　　　　　　　D. 七

9. 所谓"物理隔离"是指内部网不直接或（　　）地连接公共网。

A. 间接　　　　　　　B. 完全　　　　　　　C. 转接　　　　　　　D. 控制

10. 在逻辑上，防火墙是一个分离器，一个限制器，也是一个（　　），能有效地监控内部网和 Internet 之间的任何活动。

A. 解析器　　　　　　B. 分析器　　　　　　C. 认证器　　　　　　D. 安全器

二、简答题

1. 什么是访问控制，它包括哪三个要素？

2. 访问控制的功能及原理是什么？

3. 安全策略实施原则是什么？

4. 防火墙的定义及设定防火墙的目的是什么？

5. 防火墙的优缺点是什么？

6. 物理隔离定义是什么，它解决哪些防火墙不能解决的问题？

单元 7

入侵检测技术

本单元重点介绍入侵检测技术的概念、分类、原理、一般步骤、关键技术等；各节中也给出了一些实例，帮助读者理解和掌握相关概念和方法。

通过本单元的学习，使读者：

（1）理解入侵检测技术的概念；

（2）了解入侵检测技术的基本原理；

（3）理解入侵检测技术分类；

（4）掌握入侵检测技术的一般步骤。

随着互联网时代的发展，内部威胁、零日漏洞和 DoS 攻击等攻击行为日益增加，网络安全变得越来越重要，入侵检测已成为网络攻击检测的一种重要手段。随着机器学习算法的发展，研究人员提出了大量的入侵检测技术。通过本章学习可以深入了解入侵检测技术。

7.1 入侵检测概述

随着计算机网络的发展，针对网络、主机的攻击与防御技术也不断发展，但防御相对于攻击而言总是被动和滞后的，尽管采用了防火墙等安全防护措施，并不意味着系统的安全就得到了完全的保护。各种软件系统的漏洞层出不穷，在一种漏洞的发现或新攻击手段的发明与相应的防护手段采用之间，总会有一个时间差，而且网络的状态是动态变化的，使得系统容易受到攻击者的破坏和入侵，这便是入侵检测系统的任务所在。入侵检测系统从计算机网络系统中的若干关键点收集信息，并分析这些信息，检查网络中是否有违反安全策略的行为，在发现攻击企图或攻击之后，及时采取适当的措施。本节主要介绍了入侵检测的概念、入侵检测基本原理和入侵检测方法等。

7.1.1 入侵检测的概念

入侵检测（Intrusion Detection）技术是为保证计算机系统的安全而设计与配置的一种能够及时发现并报告系统中未授权或异常现象的技术，是一种用于检测计算机网络中违反安全策略行为的技术。进行入侵检测的软件与硬件的组合便是入侵检测系统（Intrusion Detection System, IDS）。

入侵检测技术作为一种积极主动的安全防护技术，提供了对内部攻击、外部攻击和误操作的实时保护，在网络系统受到危害之前拦截和响应入侵。入侵检测技术系统能很好地弥补防火墙的不足，从某种意义上说是防火墙的补充，帮助系统应对网络攻击，扩展了系统管理员的安全管理能力（包括安全审计、监视、进攻识别和响应），提高了信息安全基础结构的完整性。它从计算机网络系统中的若干关键点收集信息，并分析这些信息，查看网络中是否有违反安全策略的行为和遭到袭击的迹象。入侵检测技术被认为是防火墙之后的第二道安全闸门，在不影响网络性能的情况下能对网络进行监测，从而提供对内部攻击、外部攻击和误操作的实时保护。这些都通过它执行以下任务来实现：

① 监视、分析用户及系统活动。

② 系统构造和弱点的审计。

③ 识别反映已知进攻的活动模式并向相关人士报警。

④ 异常行为模式的统计分析。

⑤ 评估重要系统和数据文件的完整性。

⑥ 操作系统的审计追踪管理，并识别用户违反安全策略的行为。

7.1.2　入侵检测的内容

① 试图闯入或成功闯入：它通过比较用户的典型行为特征或安全限制来检测网络非法入侵，冒充其他用户。

② 违反安全策略：指用户行为超出了系统安全策略所定义的合法行为范围，可以通过具体行为模式检测。

③ 合法用户的泄露：指在多级安全模式下，系统中存在两个以上不同安全级别的用户，有权访问高级机密信息的用户将授权的敏感信息发送给非授权的一般用户。通过检测 I/O 资源使用情况来判定。

④ 独占资源：指攻击者企图独占特定的资源，以阻止合法用户的正常使用，或导致系统崩溃。一般通过检查系统资源使用状况来检测。

⑤ 恶意攻击：指攻击者进入系统后，企图执行系统不能正常运行的操作，如删除系统文件等。它可通过典型行为特征、安全限制或使用特征来检测。

7.1.3　入侵检测技术功能概要

入侵检测系统能主动发现网络中正在进行的针对被保护目标的恶意滥用或非法入侵，并能采取相应的措施及时中止这些危害，如提示报警、阻断连接、通知网管等。其主要功能有：

① 监督并分析用户和系统的活动。

② 检查系统配置和漏洞。

③ 检查关键系统和数据文件的完整性。

④ 识别代表已知攻击的活动模式。

⑤ 对反常行为模式的统计分析。

⑥ 对操作系统的检验管理，判断是否有破坏安全的用户活动。

⑦ 提高了系统的监察能力。

⑧ 追踪用户从进入到退出的所有活动或影响。

⑨ 识别并报告数据文件的改动。

⑩ 发现系统配置的错误，必要时予以更正。

⑪ 识别特定类型的攻击，并向相应人员报警，以作出防御反应。

⑫ 可使系统管理人员最新的版本升级添加到程序中。

⑬ 允许非专家人员从事系统安全工作。

⑭ 为信息安全策略的创建提供指导。

7.2 入侵检测系统的定义和分类

7.2.1 入侵检测系统的定义

计算机安全的主要任务就是入侵防御（即防止入侵的发生），其目标就是将外部威胁阻挡在系统和网络之外。身份认证可以看作防止入侵的一类手段， 防火墙技术当然也是防止入侵的形式之一，还包括大部分类型的病毒防护措施。

在信息安全领域，无论你在入侵防御方面倾注了多少心血，还是时不时会被一些不法之徒得手，从而造成入侵事件的发生。

当入侵防御失败时，该怎么办？在信息安全领域，有一个相对而言比较新的技术领域，那就是入侵检测系统，这类系统的目的是在攻击发生之前、期间和之后检测出这些攻击。

IDS 使用的基本方法就是查看"异常"活动。在过去，系统管理员会通过浏览日志文件寻找异常活动的迹象——自动化入侵检测实际上是人工日志文件分析的一种自然发展。

值得注意的是，入侵检测技术也是当前非常活跃的一个研究领域。就像其他一些相对比较新的技术一样，在这个领域也有人提出了许多方法和成果，但是还没有获得证实。从这一点而言，这些技术如何能够成功，是否有实效都还远远未经证实，特别是面对如今日益复杂的攻击手段。

7.2.2 入侵检测系统分类

依据不同的标准，可以将入侵检测系统划分成不同的类别。

1. 根据系统所检测的对象分类

（1）基于主机的入侵检测系统（HIDS）

HIDS 安装在被保护的主机上，通常用于保护运行关键应用的服务器。它通过监视与分析主机的审计记录和日志文件来检测入侵行为。

基于主机的入侵检测系统的优点：由于基于主机的 IDS 使用含有已发生事件信息，可以确定攻击是否成功；能够检查到基于网络的入侵检测系统检查不出的攻击；能够监视特定的系统活动；适用于被加密的和交换的环境；近于实时的检测和响应；不要求额外的硬件设备；低廉的成本。

基于主机的入侵检测系统的缺点：降低应用系统的效率，也会带来一些额外的安全问题；依赖于服务器固有的日志与监视能力；全面部署代价较大，用户只能选择保护部分重要主机，那些未安装基于主机的 IDS 的主机将成为保护的盲点、攻击目标；除了监测自身的主机以外，不监测网络上的情况。

（2）基于网络的入侵检测系统（NIDS）

NIDS 一般安装在需要保护的网段中，利用网络侦听技术实时监视网段中传输的各种数据包，并对这些数据包的内容、源地址、目的地址等进行分析和检测。如果发现入侵行为或可疑事件，NIDS 就会发出警报甚至切断网络连接。

基于网络的入侵检测系统的优点：购买成本较低；检查所有包的头部从而发现恶意的和可疑的行动迹象，基于主机的 IDS 无法查看包的头部，所以它无法检测到这一类攻击；使用正在发生的网络通信进行实时攻击的检测，所以攻击者无法转移证据；实时检测和响应；具有操作系统无关性；安装简便。

基于网络的入侵检测系统的缺点：监测范围有局限性；NIDS 只检查直接相连网段的通信，不能检测不同网段的网络数据包，而安装多台基于网络的 IDS 将会使整个成本大大增加；通常采用特征检测的方法，可以检测出普通的攻击，而很难实现一些复杂的需要大量计算与分析时间的攻击检测；大量数据传回分析系统时影响系统性能和响应速度；处理加密的会话过程较困难。

一个真正有效的入侵检测系统应该是基于主机和基于网络的结合，两种方法互补。

（3）基于应用的入侵检测系统（AIDS）

AIDS 监控在某个软件应用程序中发生的活动，信息来源主要是应用程序的日志，其监视的内容更为具体。它是 HIDS 的一个子集，在实际应用时，多种类型 IDS 结合使用。

2．根据数据分析方法分类

（1）异常检测

假定所有入侵行为都与正常行为不同。先定义系统在正常条件下的资源与设备利用情况的数值，建立正常活动的模型，然后再将系统在运行时的此类数值与事先定义的原有正常指标相比较，从而得出是否有攻击现象发生。

异常检测采用的方法主要有统计分析方法等。对于网络流量，可以使用统计分析的方法进行监控，这样可以防止分布式拒绝服务攻击（DDoS）等攻击的发生。

假定某端口处每秒允许的最大尝试连接次数是 1 000 次，则检测某个时间段内连接次数是否异常的描述如下：

```
setmax-connect-number=1000/s;
setstate=normal;
connect-number=count(connect);
if(connect-number>max-connect-number)
{
    setstate=abnormal;        /*进行异常处理；*/
}
```

优点：能发现新的入侵。

缺点：误报率较高。

（2）误用检测

假定所有入侵行为、手段及其变种都能够表达为一种模式或特征，即异常活动的模型。系统的目标就是检测主体活动是否符合这些模式，因此又称特征检测。

采用的常用方法是模式匹配，模式匹配建立一个攻击特征库，检查发过来的数据是否包含这些攻击特征（如特定的命令等），然后判断它是否为攻击。

例如，语句 Port25:{"WIZ"|"DEBUG"}表示：检查 25 号端口传送的数据中是否有 "WIZ" 或

"DEBUG"关键字。

优点：只收集相关的数据集合，显著减少系统负担，且技术已相当成熟，检测准确率和效率都相当高。

缺点：需要不断地升级以对付不断出现的攻击手法，不能检测到从未出现过的攻击手段，入侵越多越复杂。

3．根据体系结构分类

根据 IDS 的系统结构，可分为集中式、等级式和分布式三种。

（1）集中式入侵检测系统

集中式 IDS 可能有多个分布于不同主机上的审计程序，但只有一个中央入侵检测服务器。审计程序将当地收集到的数据发送给中央服务器进行分析处理。

（2）等级式入侵检测系统

等级式 IDS 中，定义了若干个分等级的监控区域，每个 IDS 负责一个区域，每一级 IDS 只负责所监控区的分析，然后将当地的分析结果传送给上一级 IDS。

（3）分布式入侵检测系统

分布式 IDS 将中央检测服务器的任务分配给多个基于主机的 IDS，这些 IDS 不分等级，各司其职，负责监控当地主机的某些活动。

还有其他分类方法，如按技术可分为基于知识的模式识别、基于知识的异常识别、协议分析等。

7.3　入侵检测原理

入侵检测可分为实时入侵检测和事后入侵检测，其原理分别如图 7-1 和图 7-2 所示。

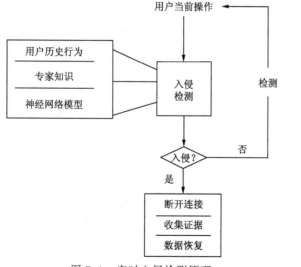

图 7-1　实时入侵检测原理

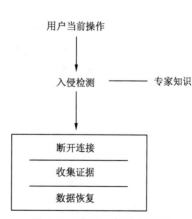

图 7-2　事后入侵检测原理

实时入侵检测在网络连接过程中进行，系统根据用户的历史行为模型、存储在计算机中的专家知识以及神经网络模型对用户当前的操作进行判断，一旦发现入侵迹象立即断开入侵者与主机的连接，并收集证据和实施数据恢复。事后入侵检测由网络管理人员定期或不定期进行，根据计算机系统对用户操作所做的历史审计记录判断用户是否具有入侵行为，如果有就断开连接，并记录入侵证据和进行数据恢复，但其入侵检测的能力不如实时入侵检测系统。

7.4　入侵检测一般步骤

入侵检测的一般过程包括入侵数据提取、入侵数据分析和入侵事件响应。

1．入侵数据提取（信息收集）

入侵数据提取主要是为系统提供数据，提取的内容包括系统、网络、数据及用户活动的状态和行为。需要在计算机网络系统中的若干不同关键点（不同网段和不同主机）收集信息。一是尽可能扩大检测范围；二是检测不同来源的信息的一致性。入侵检测很大程度上依赖于收集信息的可靠性和正确性。

入侵检测数据提取来自以下四个方面。

① 系统和网络日志。

② 目录和文件中的改变。

③ 程序执行中的不期望行为。

④ 物理形式的入侵信息。

2．入侵数据分析

对数据进行深入分析，发现攻击并根据分析结果产生事件，传递给事件响应模块。常用技术有：模式匹配、统计分析和完整性分析等。前两种方法用于实时网络入侵检测，而完整性分析用于事后的计算机网络入侵检测。

① 模式匹配：将收集到的信息与已知计算机网络入侵和系统误用模式数据库进行比较，从而发现违背安全策略的行为。一般来讲，一种攻击模式可以用一个过程（如执行一条指令）或一个输出（如获得权限）来表示。该过程可以很简单（如通过字符串匹配以寻找一个简单的条目或指令），也可以很复杂（如利用正规的数学表达式表示安全状态的变化）。

② 统计分析：首先给系统对象（如用户、文件、目录和设备等）创建一个统计描述，统计正常使用时的一些测量属性（如访问次数、操作失败次数和时延等）。测量属性的平均值和偏差被用来与网络、系统的行为进行比较，任何观察值在正常值范围之外时，就认为有入侵发生。

③ 完整性分析：主要关注某个文件或对象是否被更改，包括文件和目录的内容及属性，在发现被更改的、被安装木马的应用程序方面特别有效。

3．入侵事件响应

事件响应模块的作用在于报警与反应，响应方式分为主动响应和被动响应。被动响应系统只会发出报警通知，将发生的不正常情况报告给管理员，本身并不试图降低所造成的破坏，更不会主动地对攻击者采取反击行动。主动响应系统可以分为对被攻击系统实施保护和对攻击系统实施反击的系统。

4．入侵检测系统的模型

入侵检测系统至少应该包含三个模块，即提供信息的信息源、发现入侵迹象的分析器和入侵响应部件。为此，美国国防部高级计划局提出了公共入侵检测模型（Common Intrusion Detection Framework，CIDF），阐述了一个入侵检测系统 IDS 的通用模型。它将一个入侵检测系统分为四个组件，入侵检测系统的构成如图 7-3 所示。

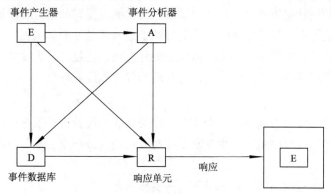

事件产生器　　　　　　事件分析器

事件数据库　　　　　　响应单元

响应

图 7-3　入侵检测系统的构成

在网络入侵检测系统模型中，事件产生器、事件分析器和响应单元通常以应用程序的形式出现，而事件数据库则往往以文件或数据流的形式出现。

① 事件产生器：从系统所处的计算机网络环境中收集事件，并将这些事件转换成一定格式以传送给其他组件。

② 事件数据库：用来存储事件产生器和事件分析器产生的临时事件，以备系统需要时使用。

③ 事件分析器：可以是一个特征检测工具，用于在一个事件序列中检查是否有已知的攻击特征；也可以是一个统计分析工具，检查现在的事件是否与以前某个事件来自同一个事件序列；此外，事件分析器还可以是一个相关器，观察事件之间的关系，将有联系的事件放到一起，以利于以后的进一步分析。

④ 响应单元：根据事件产生器检测到的和事件分析器分析到的入侵行为而采取相应的响应措施。

7.5　入侵检测系统关键技术

入侵检测系统研发中涉及的关键技术包括入侵检测技术、入侵检测系统的描述语言、入侵检测的体系结构等。

1. 模式匹配

模式匹配方法是入侵检测领域中应用最为广泛的检测手段和机制之一，通常用于误用检测。这种方法的特点是原理简单、扩展性好、检测效率高，可以实时监测，但只适用于检测比较简单的攻击，并且误报率高。由于其实现、配置和维护都非常方便，因此得到了广泛应用。Snort 系统就采用了这种检测手段。

2. 统计分析

统计分析也是入侵检测领域中应用最为广泛的检测手段和机制之一，通常用于异常检测。统计正常使用时的一些测量属性，测量属性的平均值将被用来与网络、系统的行为进行比较，任何观察值在正常值范围之外时，就认为有入侵发生。

常用的入侵检测统计分析模型有：操作模型、方差、多元模型、马尔科夫过程模型、时间序列统计分析。其最大优点是不需要预先知道安全缺陷，它可以"学习"用户的使用习惯，从而具有较高的检测率与可用性。但是，它的"学习"能力也给入侵者通过逐步"训练"使入侵事件符合正常操作的统计规律的机会，从而通过入侵检测系统。如何选择要监视的衡量特征，以及如何在所有可能的衡量特征中选择合适的特征子集，才能够准确预测入侵活动，是统计方法的关键问题。统计分析中常用的是贝叶斯概率统计方法，通过统计大量数据的概率，运用贝叶斯公式对检测的数据进行计算求概率，作为判断其入侵程度的标准。

3．专家系统

专家系统是一种以知识为基础，根据人类专家的知识和经验进行推理，解决需要专家才能解决的复杂问题的计算机程序系统。用专家系统对入侵进行检测主要是针对误用检测，是针对有特征入侵的行为。

专家系统应用于入侵检测时，存在以下一些实际问题：

① 处理海量数据时存在效率问题。这是由于专家系统的推理和决策模块通常使用解释型语言实现，执行速度比编译型语言要慢。

② 缺乏处理序列数据的能力，即数据前后的相关性问题。

③ 专家系统的性能完全取决于设计者的知识和技能。

④ 只能检测已知的攻击模式（误用检测的通病）。

⑤ 无法处理判断的不确定性。

规则库的维护同样是一项艰巨的任务，更改规则库必须考虑对知识库中其他规则的影响。

4．神经网络

神经网络具有自适应、自组织、自学习的能力，可以处理一些环境信息复杂、背景知识不清楚的问题。

利用神经网络进行入侵检测包括两个阶段。首先是训练阶段，这个阶段使用代表用户行为的历史数据进行训练，完成神经网络的构建和组装；接着便进入入侵分析阶段，网络接收输入的事件数据，与参考的历史行为比较，判断出两者的相似度或偏离度。神经网络使用以下方法来标识异常事件：改变单元的状态、改变连接的权值、添加或删除连接。同时也具有对所定义的正常模式进行逐步修正的功能。

神经网络有以下优点：

① 大量的并行分析式结构。

② 有自学习能力，能从周围的环境中不断学习新的知识。

③ 能根据输入产生合理的输出。

5．数据挖掘

数据挖掘是从大量的数据中抽取出潜在的、有价值的知识（即模型或规则）的过程。对于入侵检测系统来说，也需要从大量的数据中提取入侵特征。

6．协议分析

协议分析可利用网络协议的高度规则性快速探测攻击的存在。协议分析技术对协议进行解码，减少了入侵检测系统需要分析的数据量。

7．移动代理

移动代理（Agent）是个软实体，完成信息收集和处理工作。

7.6 入侵检测面临的问题和发展方向

1. 面临的问题

① 随着能力的提高，入侵者会研制更多的攻击工具，以及使用更为复杂精致的攻击手段，对更大范围的目标类型实施攻击。

② 入侵者采用加密手段传输攻击信息。

③ 日益增长的网络流量导致检测分析难度加大。

④ 缺乏统一的入侵检测术语和概念框架。

⑤ 不适当的自动响应机制存在着巨大的安全风险。

⑥ 存在对入侵检测系统自身的攻击。

⑦ 过高的错报率和误报率，导致很难确定真正的入侵行为。

⑧ 采用交换方法限制了网络数据的可见性。

⑨ 高速网络环境导致很难对所有数据进行高效实时分析。

2. 发展方向

① 更有效地集成各种入侵检测数据源，包括从不同的系统和不同的传感器上采集的数据，提高报警准确率。

② 在事件诊断中结合人工分析，提高判断准确性。

③ 提高对恶意代码的检测能力，包括 E-mail 攻击、Java、ActiveX 等。

④ 采用一定的方法和策略来增强异种系统的互操作性和数据一致性。

⑤ 研制可靠的测试和评估标准。

⑥ 提供科学的漏洞分类方法，尤其注重从攻击客体而不是攻击主体的观点出发。

⑦ 提供对更高级的攻击行为（如分布式攻击、拒绝服务攻击等）的检测手段。

习 题

一、选择题

1. 按照检测数据的来源可将入侵检测系统（IDS）分为（ ）。

    A. 基于主机的 IDS 和基于网络的 IDS

    B. 基于主机的 IDS 和基于域控制器的 IDS

    C. 基于服务器的 IDS 和基于域控制器的 IDS

    D. 基于浏览器的 IDS 和基于网络的 IDS

2. 一般来说，入侵检测系统由三部分组成，分别是事件产生器、事件分析器和（ ）。

    A. 控制单元   B. 检测单元   C. 解释单元   D. 响应单元

3. 按照技术分类可将入侵检测分为（ ）。

    A. 基于标识和基于异常情况   B. 基于主机和基于域控制器

    C. 服务器和基于域控制器   D. 基于浏览器和基于网络

4. （ ）系统是一种自动检测远程或本地主机安全性弱点的程序。

    A. 入侵检测   B. 防火墙   C. 漏洞扫描   D. 入侵防护

5. 入侵检测系统的基础是（　　　）。

    A. 信息收集　　　　B. 信号分析　　　　C. 入侵防护　　　　D. 检测方法

6. 一般来说，网络入侵者的步骤不包括（　　）阶段。

    A. 信息收集　　　　B. 信息分析　　　　C. 漏洞挖掘　　　　D. 实施攻击

7. 黑客利用 IP 地址进行攻击的方法有（　　）。

    A. IP 欺骗　　　　B. 解密　　　　C. 窃取口令　　　　D. 发送病毒

8. 下面关于分布式入侵检测系统特点的说法中，错误的是（　　）。

    A. 检测范围大　　　　　　　　　　B. 检测准确度低

    C. 检测效率高　　　　　　　　　　D. 可以协调响应措施

二、简答题

1. 什么是入侵检测系统？简述入侵检测系统的作用。

2. 简述入侵检测技术的功能。

3. 简述入侵检测的一般步骤。

单元 ⑧
基于物联网的汽车防盗系统设计

本单元主要介绍基于物联网的汽车防盗系统设计的必要性、系统设计的基本原则、系统设计的主要步骤等。

通过本单元的学习，使读者：

（1）了解基于物联网的汽车防盗系统设计的必要性；

（2）掌握系统设计的基本原则；

（3）分析汽车防盗系统的安全需求；

（4）分析汽车防盗系统的设计方案；

（5）了解汽车防盗系统的实现。

本单元利用物联网技术构建了汽车防盗系统的结构模型，制定了应用于该防盗系统的各种传感设备，按约定的协议把物品与互联网相连接，进行信息交换和通信，以实现智能化识别、定位、跟踪、监控和管理的功能，使汽车防盗的可靠性能够在一定程度上得以控制。基于物联网技术的汽车防盗系统利用模块化的思想进行设计，为汽车防盗产品的开发提供了一个崭新的设计方向。

8.1　系统设计的必要性

随着我国经济水平的发展，人们的生活质量得到了很大提升，汽车越来越成为人们生活中不可缺少的一部分。国内家用轿车的保有量随之快速增加，但与此同时汽车被盗案件数量也急剧上升，这给社会带来极大的不安定因素，担心车辆被盗，成为困扰每一位汽车用户的难题。虽然大多数汽车都带有防盗装置，市场上也有各种各样的汽车附加防盗器，但是这些防盗装置都存在一定的缺陷。一是有距离的限制，一旦监控器离汽车比较远就无法监控车辆；二是早期的车用报警器功能单一，误报率、漏报率比较高，噪声大，有时候刮风下雨也会报警，真正遇到险情时却没有达到报警效果，给车主带来不必要的麻烦和损失。

国内外汽车防盗装置的种类繁多，发展迅速。目前，国际上应用最广泛的防盗系统是电子式汽车防盗装置，如汽车识别钥匙、电子编码点火钥匙、生物特征基于物联网的汽车防盗系统的研究与设计电子锁，具有很好的性价比，在市场上占有绝对优势。机械锁是最早的汽车防盗锁，现已很少单独使用，主要与电子式、芯片式联合使用。国内掌握制动器防盗装置的开发实验技术并形成批量生产的厂商只有几家，且防盗装置一般都存在报警范围小；只能实现本地报警，不能实现远程控制；只能实现单纯报警，对被盗车辆不能实现跟踪控制等缺点。除此之外，国内制定的汽车防盗法规不够健全，执行不够严格；生产企业对汽车防盗的认识不够重视，资金投入不足，这些都造成国内汽车防盗水平相对落后，不能适应我国汽车发展对汽车防盗技术的需求。因此，我国汽车防盗产品的升级换代势在必行，高科技含量的基于物联网的汽车防盗系统将得到非常大的关注和投入，此类防盗产品更加符合市场需求。

随着物联网的发展，物联网技术已经应用于远程医疗、智能家居、物流监控、安全防卫和电力安全等各个领域，防盗报警系统是安全防范技术体系中一个重要的组成部分，为了提高汽车防盗系统的可靠性，降低汽车报警的误报率，利用物联网在监测领域的优势，把物联网技术应用于汽车防盗，利用射频识别系统进行信息采集，将收集的信息传送至互联网，实现信息共享，使车主随时知道汽车状况，并配合警务人员及时追回被盗汽车，提高汽车防盗系统的智能化水平，目前这种系统的应用在我国发展极快，市场竞争激烈。

8.2　基于物联网的汽车防盗系统核心设计

8.2.1　基于物联网的汽车防盗系统架构设计

该架构的主要特征为：

①　以已有的公安专网作为接入网，降低了实现成本，提高了通信的安全性和可靠性，并可与公安车辆管理系统进行信息交互，以获取被盗汽车更详细的信息，为追回被盗汽车提供更多线索。

②　以移动通信为辅助接入方式，提高了防盗系统的覆盖范围，增强了系统的可扩展性。

③　应用中间件技术进行信息预处理，减少了数据冗余，提高了传输效率，同时可屏蔽网络硬件平台的差异性和操作系统与网络协议的异构性。

基于物联网的汽车防盗系统架构如图 8-1 所示。

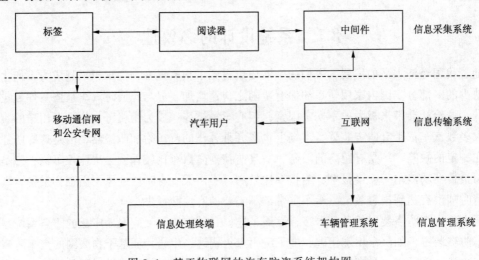

图 8-1　基于物联网的汽车防盗系统架构图

信息采集子系统负责收集汽车标签信息，经过加工处理后传送至信息传输子系统，包括标签、阅读器和中间件。其中，标签是汽车的信息载体，是对汽车特征的描述，主要由天线和芯片组成。阅读器是用来识别标签的电子装置，其基本任务是激活标签，与标签建立通信并实现数据交换，并将收集的标签传送至中间件。中间件是加工和处理来自识读器的所有信息和事件流的软件，主要任务是在将数据送至移动通信网和公安专网之前进行数据校对、数据传送、数据存储和任务管理等。

信息传输子系统将信息采集子系统采集并处理过的数据传输到信息管理子系统，实现汽车信息的共享和存储管理，采用公安专网、移动通信网和互联网来共同架构该子系统，以公安专网作为主要接入网，实现汽车信息的安全传输，并将汽车信息传送至本地信息处理中心和互联网，实现汽车信息的存储、管理和共享；在公安专网覆盖不到的区域，移动通信网通过内置在中间件中的通信模块接收汽车信息，并传递给公安专网；车辆管理系统可使汽车用户通过因特网获取所需要的汽车信息，同时为公安专网提供被盗汽车更详细的信息；互联网作为核心网，为车主提供汽车的实时信息和历史数据查询服务，方便车主随时了解其汽车的实时状况。

信息管理子系统是对汽车信息进行录入、查询和对被盗汽车稽查的终端处理系统，是汽车防盗系统最核心的系统。车主可以通过信息管理系统获得关于其汽车的更多服务信息，公安人员可以通过信息管理系统对汽车进行跟踪定位，实时获取汽车的运行状况，并利用阅读器的地理位置锁定被盗汽车所处位置，及时快速地追回被盗汽车。

8.2.2 信息采集子系统设计

1. 标签设计

标签是防盗系统的信息源，其设计包括标签内容设计、标签安装位置设计、标签选型及工作模式设计。本系统设计的主要特点是：采用有源双频模式，可对远距离高速运行中的汽车进行信息采集；内部芯片嵌入必要的汽车信息，便于公安机关快速获取被盗汽车的信息并尽快通知车主汽车被盗情况；外形为卡片状，可防拆卸。

标签作为汽车信息的载体，是由天线和芯片组成的。芯片内存储着与汽车相关的各种信息，可根据车主需要或者芯片的内存容量设置存储信息的内容。如果芯片内仅存储标签的 EPC 编码，那么 EPC 编码便成为信息的引用者，可通过 EPC 编码查询存储在互联网或者本地服务器资源中的汽车信息。但设计系统的应用中，车主需要实时获取汽车信息，汽车信息管理系统需要根据汽车的详细信息对其进行定位和追踪，所以标签中应嵌入更为详细的汽车信息，以使汽车信息更易于使用和编辑成短信发送给车主，由于阅读器与标签通信过程中会产生碰撞问题，通信量过大会增加时延，故内嵌信息应尽量少。

标签信息按照 EPC 编码体系标准以二进制代码的形式存储在标签芯片内，标签芯片信息可通过读写器写入或读取，当汽车易主或者标签内相关信息变化后，车主应带齐相关证件到公安机关修改标签内容，并将修改内容记录在信息管理系统。通信结束后，标签恢复休眠状态。系统中汽车标签的内部结构如图 8-2 所示。

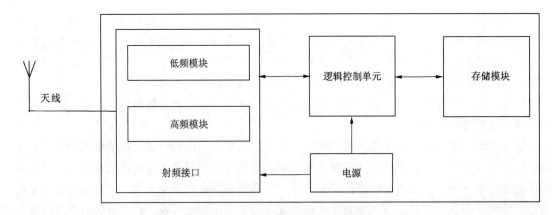

图 8-2　汽车标签内部结构图

2. 阅读器设计

阅读器的设计包括阅读器的选择、位置安装设计以及对标签信息处理的设计。阅读器采用双频工作模式，接收标签信息后将自身 ID 加载到标签信息中，生成含有阅读器地理位置标识的信息数据，使系统可以利用阅读器的地理位置实现对汽车的实时跟踪定位。

（1）阅读器的选择

阅读器用于采集汽车电子标签所附带的信息，其设计和工作模式依赖于电子标签，所以在本系统中，对应于双频电子标签，阅读器采用双频阅读器，分为固定式和手持式。手持式阅读器用于近距离对电子标签信息进行写入和读取，在本系统中较少使用；固定式阅读器的安装既要实现广覆盖，也应尽量避免资源浪费，应合理安装，减少实施成本。

（2）阅读器位置安装设计

阅读器应安装在汽车能通行的所有路段，以及重要的汽车通行节点，如城市进出口收费站和停车场进出口等处，以消除盲区。两个阅读器之间的距离应大于标签识读距离的两倍，以减少标签能耗，同时在交通繁忙的路段，阅读器数量可适当增加，且应能有效防止标签信息冲突，保证同时能识别多个电子标签。在车辆通行量少的路段，阅读器间距还可适当增大，以降低成本，但应保证两个路口之间至少安装一个阅读器。在城市以外的路段，汽车通行量少，可适当减少阅读器的数量，保证汽车信息能够采集到即可。同时，还应注意阅读器设备的安全性，尽量安装在较隐蔽的地方或者采取防护措施，防止阅读器被人为破坏。

（3）阅读器对标签信息的处理设计

当被盗汽车进入阅读器的识别范围时，安装在汽车上的电子标签被激活，并与阅读器进行通信，其内部存储的信息以射频信号形式传送至阅读器，标签信息在阅读器的微处理器内进行解密和纠错，然后阅读器将自身 ID 加载到标签信息中，生成含有阅读器地理位置标识的信息数据，并将生成的数据传送至中间件进行进一步处理。

3. 中间件安装设计

直接从阅读器获取电子标签上的数据会产生大量的冗余数据，如对相同标签的重复阅读等，读写器异常或者标签之间的相互干扰，有时采集到的 EPC 数据可能是不完整的或是错误的，甚至出现漏读的情况，中间件技术可解决以上问题。中间件利用分布式结构，层次化地进行组织、管理数据流，可以控制读写器按照预定的方式工作，保证不同读写设备之间能很好地协调配合，并按照一定的规则对来自阅读器的信息和事件流筛选过滤数据，消除冗余，将真正有效的数据传送给汽车信息管理系统。当基于物联网的汽车防盗系统项目扩大时，如增加阅读器的数量，更改阅读器的类型，或者汽车信息管理系统升级等，只需对系统的中间件进行相应的设置，便可完成射频识别数据的顺利导入，从而避免低层应用程序开发，缩短项目施工周期，降低实施成本。为节省成本，一个中间件装置可连接10个阅读器，并置于金属保护箱内，具有防破坏性，阅读器较少的区域可适当减少连接数量，要保证每个阅读器都与附近的中间件相连，中间件再接入附近的公安专网线路，将经过加工处理的汽车信息传送至公安机关的信息管理系统。在没有公安专网覆盖的区域，中间件装置内设移动通信模块能与移动通信基站进行通信，移动通信系统再将收集到的信息接入公安专网和互联网，实现汽车信息有效管理和共享。

8.2.3 信息传输子系统设计

信息传输子系统的设计主要是接入网和骨干网的设计，主要特点是：采用公安专网和移动通信网作为系统接入网，提高了汽车信息的安全性和传输可靠性，在保证防盗的同时降低了实现成本；采用因特网为系统骨干网，方便被盗汽车的车主获取汽车的实时信息和历史数据。

1. 接入网设计

接入网可以是重新设计的一个新型网络，以满足对汽车信息的高速和安全传输，但网络协议的制定、网络布线等必然加大成本的投入和实施的难度；也可采用无线网络，如 WLAN、GPRS 等网络，但无线网络数据传输的安全性、稳定性较差，数据传输速度也不能满足车主对汽车实时信息的需求，所需接入网传送的是用于防盗的汽车标签信息，接入网应能提供安全性传输，并能达到信息传输的实时性要求。

2. 信息管理子系统设计

信息管理子系统设在公安机关，主要由信息录入子系统、信息查询子系统和基于物联网的汽车防盗系统的研究与设计查询子系统组成，由公安人员负责管理，完成对汽车标签编码和汽车车主信息的录入，答复车主对汽车信息的查询服务以及对被盗汽车的实时信息进行管理，以便对被盗车辆进行实时信息监控，并能根据所接收的标签信息判断被盗汽车的位置及逃逸方向，从而快速有效地追回被盗汽车。

3. 信息录入子系统设计

当电子标签安装在汽车上之后，对应标签的车主应在公安机关注册登记。信息录入系统的主要功能是汽车的初始信息录入，车主及其汽车的相关信息应记录在案，为信息查询系统提供数据来源，方便公安人员与被盗车主联系。车主应将其姓名及联系方式，其所拥有车辆类型、车牌号及电子标签所携带的信息记录在案，并设置访问密码，防止他人随意查阅车主和汽车的相关信息。如果车主信息发生变化或者汽车转手他人，车主应及时登录网上信息管理系统或到公安机关修改注册信息，以便汽车被盗后公安人员联系车主。

4. 信息查询子系统设计

信息查询子系统是车主或公安人员获得汽车实时信息的门户，可实时获取被盗汽车的动态。信息查询系统可提供基本信息查询和汽车信息定制。信息查询服务为车主和公安人员提供基本的汽车信息查询服务，车主和公安人员可通过输入汽车车牌号或者发动机编号等信息，并通过密码认证，查看被盗汽车的实时数据。

8.3 基于物联网的汽车防盗系统关键技术实现

本防盗系统在汽车未被盗时可以将汽车信息记录在信息管理系统，为车主提供汽车行驶历史数据，并能为交通管理部门提供汽车违章证据；当汽车被盗之后，公安人员通过管理系统调阅近期汽车行驶记录，锁定汽车追踪范围和汽车被盗后汽车的行驶路线，并在稽查系统时刻更新被盗汽车的信息，对被盗汽车进行跟踪定位，协助公安部门迅速追回被盗汽车。其实现过程主要依赖于信息采集系统和信息管理系统，信息采集系统实现信息的采集、加工和处理，信息管理系统实现汽车数据的管理和利用。此防盗系统在实现过程中的关键问题包括多标签防碰撞识别技术、中间件的信息处理技术和系统的安全技术。

8.3.1 基于时间分组的帧时隙 ALOHA 算法的设计与实现

1. 算法设计依据

系统中，阅读器的识别范围为 80～100 m，高速行驶中的汽车进入阅读器的范围时，若每个汽车上安装一个电子标签，在此区间内汽车标签的数量最多可达 300 以上，若多个标签同时响应阅读器的查询，必然导致标签之间发生碰撞；高速行驶的汽车进入阅读器的范围时间短，且汽车标签包含车主的隐私信息，要求系统的防碰撞算法有较高的实时性和安全性；虽然进入阅读器识别范围内的汽车数量较多，但受到车长和车流量的限制，汽车标签限制在一定的数量之内，一般在 150～250，系统适宜采用帧时隙 ALOHA 算法或其改进算法。

汽车流量在不同时间段有较大变化，若采用固定帧时隙 ALOHA 算法，当标签数量较少时将造成时隙浪费，在标签数量远大于时隙数时，系统的识别效率将急剧下降，导致碰撞标签数量增大；采用动态帧时隙 ALOHA 算法，将提高系统的复杂度，降低系统效率，所以本系统将识别范围内的标签进行分组，被识别的汽车标签接收阅读器的去活信号，不再接收激活信号，等待一定时间后，将时间分组数设置为 0，之后可以再次接收激活信号；未被识别的标签，若在连续两个分组周期没有接收到时间分组指令，则将时间分组数设置为 0。减少每次识别的标签数量，将时隙数设为较小值，在标签数量少时不会浪费太多时隙，在标签数量多时，通过减少响应标签数量，减少碰撞标签数，提高系统识别效率。

S.R.Lee 等提出的分组帧时隙 ALOHA 算法将帧长设为最大，当标签数大于最大帧长时再将标签进行分组，在标签较少时将造成时隙浪费；尹君、何怡刚等提出了基于分组动态帧时隙的 RFID 防碰撞算法，根据标签距离阅读器的远近将标签分组，需要在标签内加入晶体管，提高了标签的复杂度，提高系统成本。

在本系统中，标签越早进入标签的识别范围，离开也越早，因此可以采用先到先识别的方式，将标签按照进入识别范围的时间进行分组，先识别最先进入识别范围的分组，以提高标签的识别率。基于以上分析，提出了一种基于时间分组的帧时隙 ALOHA 算法。

2. 算法设计

基于时间分组的帧时隙 ALOHA 算法原理为：首先根据标签进入阅读器识别范围内的时间顺序将标签进行分组，然后利用帧时隙 ALOHA 算法对每组内的标签进行识别。算法的标签分组机制如图 8-3 所示。

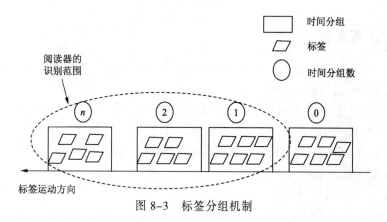

图 8-3　标签分组机制

每个标签都有一个时间分组计数器，阅读器每隔一定的时间 T 就向标签群发送时间分组指令，在这段时间内到达的标签群被视为同时到达，具有相同的时间分组值。标签的时间分组值初始化为 0，每收到一次分组指令，分组值都会增加。因此，分组值越大的标签越先进入系统，离开读写器范围也越早，所以阅读器从分组值最大的标签群开始识别。

3. 算法实现

我国汽车防盗产品的升级换代势在必行，高科技含量的网络式汽车防盗系统将得到关注和加大投入，此类防盗产品更加符合市场需求。基于时间分组的帧时隙 ALOHA 算法的实现流程如图 8-4 所示。

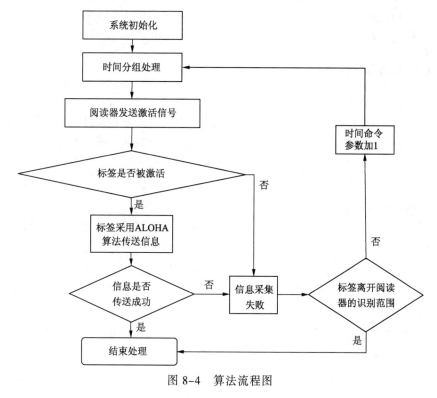

图 8-4　算法流程图

8.3.2 算法的实现流程图

系统初始化：阅读器识别范围内没有标签时，时间命令参数 R 的值初始化为 1；标签未进入阅读器识别范围时，时间分组数 D 的值初始化为 0。

时间分组处理：标签进入阅读器的识别范围后，接收阅读器的时间分组指令，D 的值变为 1，每接收一次时间分组指令，D 的值都增加 1。

阅读器发送激活信号：阅读器发送激活指令，将其识别范围内时间分组数 D 与时间命令参数 R 相等的标签激活。

标签采用 ALOHA 算法传送信息步骤：

① 第一批进入阅读器范围内的标签全部被激活，全部应答。若无冲突或者一个时间分组周期内标签全部应答，则 R 值仍为 1；若有冲突，且在一个时间分组周期内无法识别所有应答标签，R 值加 1，进入步骤②。

② 标签继续接收时间分组指令，在上个时间分组周期内未被识别标签的时间分组值 D 加 1，仍与 R 值相等，继续发送应答信息；在一个时间分组周期内，没有应答标签时，R 值减 1，阅读器发送激活信号，将 $D=R$ 的标签激活，继续识别标签；如果上个时间分组周期有未被识别的标签，新进入识别范围内标签的时间分组值加 1，但不接收激活信号，等待其时间分组值与时间命令参数相等时，才接收激活信号。

结束处理：被识别的汽车标签接收阅读器的去活信号，不再接收激活信号，等待一定时间后，将时间分组数设置为 0，之后可以再次接收激活信号；未被识别的标签，若在连续两个分组周期没有接收到时间分组指令，则将时间分组数设置为 0。

8.3.3 系统总体实现流程

物联网是由大量传感网节点构成的，在信息感知的过程中，采用各个节点单独传输数据到汇聚节点的方法是不可行的。因为网络存在大量冗余信息，会浪费大量通信带宽和宝贵的能量资源。此外，还会降低信息的收集效率，影响信息采集的及时性，所以需要采用数据融合与智能技术进行处理。所谓数据融合是指将多种数据或信息进行处理，组合出高效且符合用户需求的数据的过程。在传感网应用中，多数情况只关心监测结果，并不需要收集大量原始数据，数据融合是处理该类问题的有效手段。

中间件提供的程序接口定义了一个相对稳定的高层应用环境，不管底层的计算机硬件和系统软件怎样更新换代，只要将中间件升级更新，并保持中间件对外的接口定义不变，应用软件几乎无须任何修改，从而简化了企业在应用软件方面的开发并减少实现成本和维护成本。中间件技术的应用能有效地对海量物联网信息和事件流进行加工和处理，并且在系统拓展时避免对底层的系统进行开发，使其网络优化更方便，应用更广泛。标签信息经过阅读器的加工，中间件的过滤和处理之后进入传输网络，最后到达信息处理系统，通过系统解码将标签所携带的汽车信息与定位信息录入信息管理系统。系统的实现过程如图 8-5 所示。

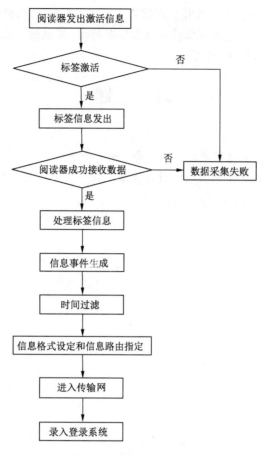

图 8-5　系统的实现过程

汽车信息管理系统会通过设置中间件的标签码过滤选项，使含有被盗汽车特征代码的信息优先传送，以提高被盗汽车标签信息被采集到的概率。车辆管理系统可使汽车用户通过因特网获取所需要的汽车信息，同时为公安专网提供被盗汽车更详细的信息；互联网作为核心网，为车主提供汽车的实时信息和历史数据查询服务，方便车主随时了解其汽车的实时状况。

正在发展中的互联网、移动通信技术、卫星通信技术等也能实现物联网信息的远程传输，特别是以 IPv6 为核心的下一代互联网的发展，具有丰富的地址资源，将为每个传感器分配 IP 地址成为可能，可以满足物联网对网络通信在地址、网络自组织以及扩展性方面的要求，为物联网的发展创造了良好的基础网条件。被盗汽车的信息被采集到之后，信息管理系统通过解码获得汽车信息特征及采集到信息的阅读器编号，将阅读器的地理位置显示在地图上，从而实现汽车定位与跟踪。

机械式防盗系统是最常见最古老的防盗装置，主要有方向盘锁和变速锁。方向盘锁，主要是将方向盘与制动脚踏板连接在一起，使其不能做大角度转向或制动，有的可直接使方向盘不能正常使用轮胎锁，即用一套锁具把汽车的一个轮胎固定，使之不能转动；变速器锁，通常在停车后，把换挡杆推回 P 位或挂挡位置，加上变速锁，可使汽车不能换挡。机械式防盗器的优点是价格便宜，安装简便；缺点是使用不隐蔽，防盗不彻底，拆装麻烦。机械式防盗器只防盗不报警，主要起到限制车辆操作的作用，在防盗方面作用有限。这种防盗器很难抵挡住利用钢锯等重型工具的盗窃方式，但它们却能拖延盗车作案时间。机械防盗装置已经历多次技术升级，目前有了较可靠的方向盘锁和排挡锁等。

习　题

简答题

1. 进行系统设计的一般思路是什么？主要步骤有哪些？

2. 参照基于物联网的汽车防盗系统设计方法，设计一个网上订餐系统，要求体现系统功能、用户使用与信息安全的完美结合。

附录 **A**

推荐实验

实验 1 RAR 文件密码破解

1. 实验目的

掌握 RAR 文件密码暴力破解工具的使用方法。

2. 实验设备

计算机一台。

3. 实验步骤

① 新建一个 RAR 文件并对其加密。

② 从网上下载任一款 RAR 文件密码暴力破解软件，查看其使用方法。（注明所用软件名称）

③ 利用搜索的软件对 RAR 文件进行解密。（解密过程请详细记录）

④ 顺利打开破解后的 RAR 文件，出现图 A-1 所示的界面。

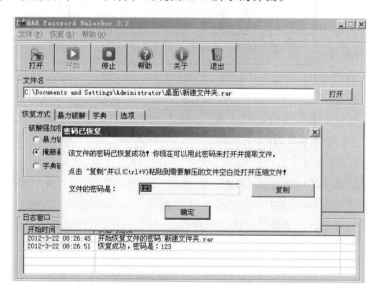

图 A-1 破解后的 RAR 文件

实验 2   Windows 7 操作系统基本安全配置

1. 实验目的

熟悉 Windows 7 操作系统的安全配置。

2. 实验步骤

（1）Windows 系统注册表配置

① 单击"开始"→"运行"命令，打开"运行"对话框，输入 regedit，单击"确定"按钮，进入"注册表编辑器"窗口，单击"计算机"→HKEY_LOCAL_MACHINE→SYSTEM→CurrentControl Set→services→RemoteRegistrg 选项，并右击，在弹出的快捷菜单中选择"删除"命令，如图 A-2 和图 A-3 所示。

图 A-2   "注册表编辑器"对话框

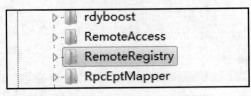

图 A-3   RemoteRegistry 选项

② 修改注册表防范 IPC$攻击。单击"计算机"→HKEY_LOCAL_MACHINE→SYSTEM→CurrentControl Set→Control→Lsa 选项，如图 A-4 和图 A-5 所示，右击"注册表编辑器"窗口右侧的 restrictanonymous 选项，在弹出的快捷菜单中选择"修改"命令，弹出"编辑 DWORD（32位）值"对话框，修改"数值数据"为 1，如图 A-6 所示。

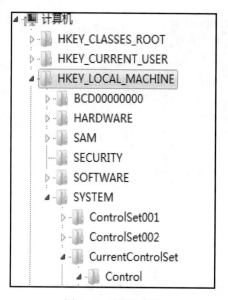

图 A-4　层级列表

图 A-5　Lsa 选项

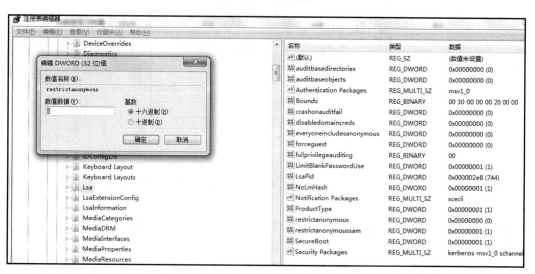

图 A-6　"编辑 DWORD（32 位）值"对话框

③ 修改注册表关闭默认共享，单击"计算机"→HKEY_LOCAL_MACHINE→SYSTEM→
CurrentControl Set→services→LamanServer→Parameters 选项，如图 A-7 和图 A-8 所示，在窗口
右侧空白处右击，在弹出的快捷菜单中选择"新建"→"DWORD（32 位）值"命令，并重命
名为 AutoShare Server，类型为 REG_DWORD，值为 0。

图 A-7　层级列表

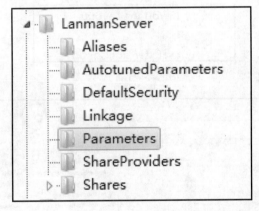

图 A-8　Parameters 选项

（2）通过"控制面板\管理工具\本地安全策略"配置本地安全策略

单击"开始"→"控制面板"→"系统和安全"→"管理工具"超链接，如图 A-9 所示，打开"管理工具"窗口，单击"本地安全策略"选项（见图 A-10），弹出"本地安全策略"窗口（见图 A-11），单击窗口左侧的"本地策略"→"安全选项"选项（见图 A-12），在右侧的"策略"下选择"网络访问：不允许 SAM 账户和共享的匿名枚举"选项（见图 A-13）并右击，在弹出的快捷菜单中选择"属性"命令，弹出"网络访问：不允许 SAM 账户和共享的匿名枚举 属性"对话框，选择"已启用"单选按钮，单击"确定"按钮，从而不显示册登录的用户名。

图 A-9 "系统和安全"窗口

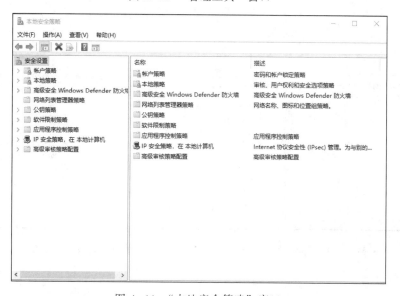

图 A-10 "管理工具"窗口

图 A-11 "本地安全策略"窗口

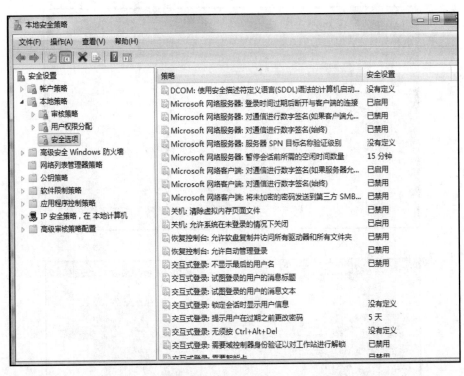

图 A-12 "安全选项"选项

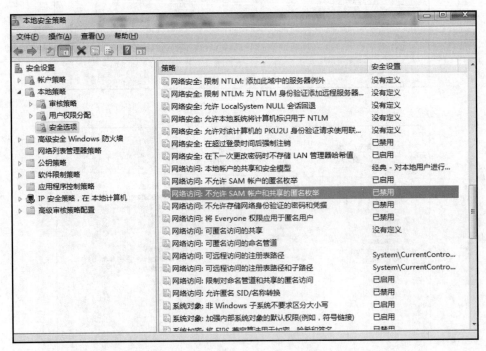

图 A-13 "网络访问：不允许 SAM 账户和共享的匿名枚举"选项

（3）本地用户密码策略设置

在"本地安全策略"窗口中，单击"账户策略"→"密码策略"选项，如图 A-14 所示，在窗口右侧可设置密码复杂性要求，设置密码长度最小值、设置密码最长使用期限。

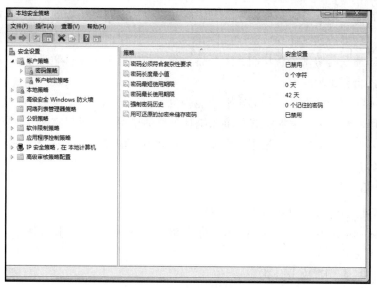

图 A-14 "本地安全策略"窗口

（4）用事件查看器查看日志

在图 A-15 中，单击"事件查看器"选项，打开"事件查看器"窗口，可查看日志。

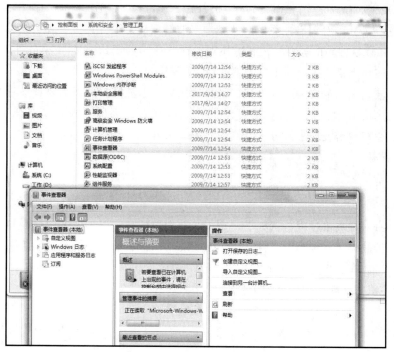

图 A-15 "事件查看器"窗口

按照上述要求步骤完成实验。

实验 3　网络入侵跟踪与分析

1．实验目的

本实验的目的是使学生通过使用 Ethereal 开放源码的网络分组捕获与协议分析软件，分析一个冲击波蠕虫病毒捕获文件 Win2000-blaster.cap，在加深理解 Ethereal 协议分析基础上，掌握 Ethereal 分组捕获与协议分析功能，为今后工作实践中能够运用科学理论和技术手段分析并解决工程问题的培养工程素养。

由于 Ethereal 分组捕获与协议分析功能强大，在一个实验单元时间内不可能熟练掌握 Ethereal 的使用。但至少应掌握捕获菜单和统计菜单的使用，也可以选择其他菜单命令进行实验。不要将显示结果复制到实验报告，实验报告只回答冲击波蠕虫病毒攻击过程分析中提出的问题及问题解答过程。

2．实验内容和原理

（1）ethereal-setup-0.10.14.exe 软件安装

注意事项：ethereal-setup-0.10.14.exe 将自动安装 WinPcap 分组捕获库，不必事先安装 WinPcap 分组捕获库。

（2）冲击波蠕虫病毒攻击分析

冲击波蠕虫病毒 W32.Blaster.Worm 利用 Windows 7/8/10 等操作系统中分布式组件对象模型（Distributed Component Object Model，DCOM）和远程过程调用（Remote Procedure Call，RPC）通信协议漏洞进行攻击，感染冲击波蠕虫病毒的计算机随机生成多个目标 IP 地址，扫描 TCP/135（epmap）、UDP/135（epmap）、TCP/139、UDP/139、TCP/445、UDP/445、TCP/593、UDP/593 端口，寻找存在 DCOM RPC 漏洞的系统。感染冲击波蠕虫病毒的计算机具有系统无故重启、网络速度变慢、Office 软件异常等症状，有时还对 Windows 自动升级（windowsupdate.com）进行拒绝服务攻击，防止感染主机获得 DCOM RPC 漏洞补丁。

根据冲击波蠕虫病毒攻击原理可知，计算机感染冲击波蠕虫病毒需要具备三个基本条件：一是存在随机生成 IP 地址的主机；二是 Windows 7/8/10 操作系统开放了 RPC 调用的端口服务；三是操作系统存在冲击波蠕虫病毒可以利用的 DCOM RPC 漏洞。

3．实验设备

计算机一台。

4．实验步骤

冲击波蠕虫病毒攻击过程分析如下：用 Ethereal "Open Capture File" 命令打开捕获文件对话框，打开冲击波蠕虫病毒捕获文件 Win2000-blaster.cap，通过协议分析回答下列问题（仅限于所捕获的冲击波蠕虫病毒）：

① 感染主机每次随机生成多少个目标 IP 地址？

答：感染主机每次随机生成 20 个目标 IP 地址。

② 扫描多个端口还是一个端口？如果扫描一个端口，是哪一个 RPC 调用端口？

答：扫描一个端口，是 135 端口。

③ 分别计算第二组与第一组扫描、第三组与第二组扫描之间的间隔时间，扫描间隔时间有规律吗？

答：没有时间上的规律。

④ 共发送了多少个试探攻击分组？（提示：端点统计或规则 tcp.flags.syn==1 显示 SYN=1 的分组）

答：共发送了 6008 条试探攻击分组（见图 A-16）。

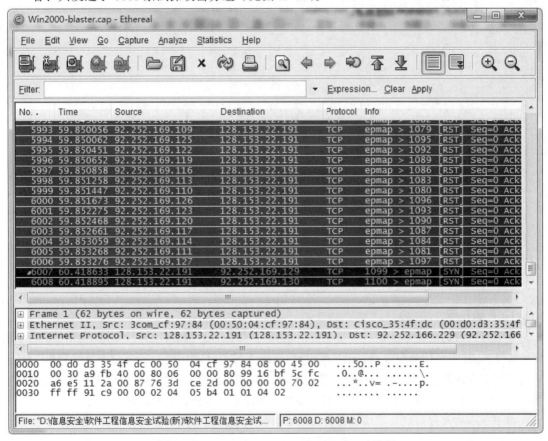

图 A-16 Win2000-blaster.cap-Ethereal 对话框

⑤ 有试探攻击分组攻击成功吗？如攻击成功，请给出感染主机的 IP 地址；如没有攻击成功的实例，说明为什么没有攻击成功？（提示：TCP 报文段 SYN=1 表示连接请求，SYN=1 和 ACK=1 表示端口在监听，RST=1 表示拒绝连接请求。使用显示过滤规则 tcp.flags.syn==1&&tcp.flags.ack==1 确定是否有端口监听。）

答：没有试探攻击分组攻击成功（见图 A-17）。

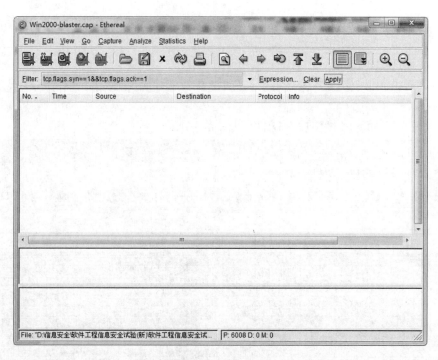

图 A-17　Ethereal 窗口

实验 4　网络入侵检测系统

1. 实验目的

本实验的目的是使学生通过对基于误用检测的网络入侵检测系统开放源码 Snort 软件的使用，掌握 Snort 中常用命令方式，在加深理解 Snort 报警与日志功能、Snort 分组协议分析、Snort 入侵检测规则的基础上，分析 Snort 网络入侵检测的基本原理。在培养良好的工程素养的同时，为今后工作实践中培养能够运用科学理论和技术手段分析并解决工程问题的能力。

由于 Snort 入侵检测系统功能强大、命令参数众多，在有限时间内不可能对所有命令参数进行实验。可根据自己对 Snort 的熟悉程度，从实验内容中选择部分实验，但至少应完成 Snort 报警与日志功能测试、ping 检测、TCP connect()扫描检测实验内容。也允许选择其他命令参数或检测规则进行实验，命令执行后将一条完整的记录或显示结果复制到实验报告中，并对检测结果进行解释。请不要复制重复的记录或显示结果。

2. 实验内容和原理

① snort-2_0_0.exe 的安装与配置。

② Snort 报警与日志功能测试。

③ 分组协议分析。

④ 网络入侵检测。

3. 实验设备

计算机一台。

4. 实验结果与分析

（1）snort-2_0_0.exe 的安装与配置

本实验除安装 snort-2_0_0.exe 之外，还要求安装 nmap-4.01-setup.exe 网络探测和端口扫描软件。Nmap 用于扫描实验合作伙伴的主机，Snort 用于检测实验合作伙伴对本机的攻击。

用记事本打开 Snort\etc\snort.conf 文件对 Snort 进行配置。将 var HOME_NET any 中的 any 配置成本机所在子网的 CIDR 地址（见图 A-18）；将规则路径变量 RULE_PATH 定义为 E:\program\snort\rules（见图 A-19）；将分类配置文件路径修改为 include E:\program\snort\etc\classification.config（见图 A-20）；将引用配置文件路径修改为 include E:\program\snort\etc\reference.config（见图 A-21）。其余使用 Snort 配置文件中的默认设置，这里假设所有 Snort 命令都在 C 盘根目录下执行。笔者的 snort 是在 E:\program 中安装的，配置已修改完毕。

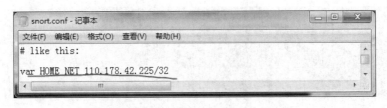

图 A-18　配置 var HOME_NET any 中的 any

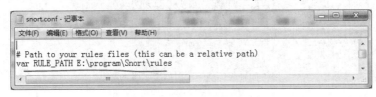

图 A-19　定义规则路径变量

图 A-20　修改分类配置文件路径

图 A-21　修改引用配置文件路径

（2）Snort 报警与日志功能测试

用记事本打开 E:\>\programSnort\rules\local.rules 规则文件，添加 Snort 报警与日志功能测试规则：alert tcp any any -> any any (msg:"TCP traffic";)，如图 A-22 所示。

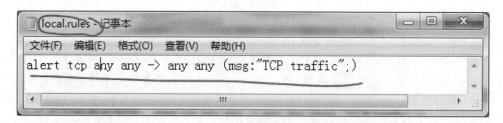

图 A-22　Snort 报警与日志功能测试

执行命令：E:\program>snort\bin\snort.exe –c snort\etc\snort.conf –l snort\log –i 2，如图 A-23 所示。

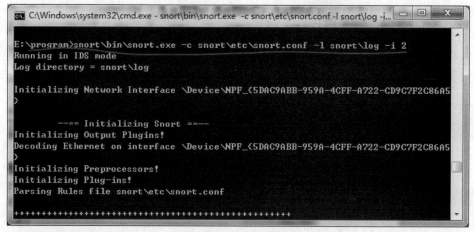

图 A-23　执行命令

在 E:\program\Snort\log 目录中存在 alert.ids 文件，如图 A-24 所示。

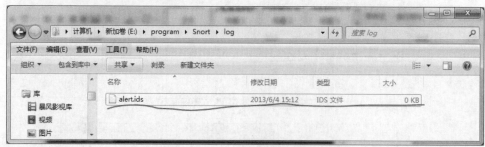

图 A-24　alert.ids 文件所在的文件目录

（3）分组协议分析

① TCP/UDP/ICMP/IP 首部信息输出到屏幕上 E:\program\snort\bin\snort － v –i 2，如图 A-25 所示。

执行 E:\> program\snort\bin\snort –vd –i 2 或 E:\> program\snort\bin\snort –v － d –i 2 命令；（命令选项可以任意结合，也可以分开）如图 A-26 所示。

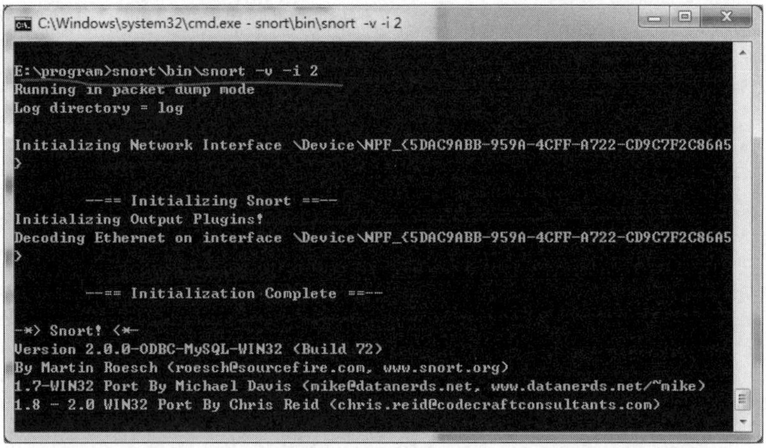

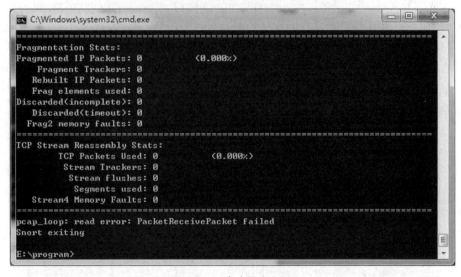

图 A-25　program\snort\bin\snort-vd-i2 命令

图 A-26　命令运行过程

② 将捕获的首部信息记录到指定的 Snort\log 目录，在 log 目录下将自动生成以主机 IP 地址命名的目录；E:\>program\snort\log\192.168.17.1，如图 A-27 所示。

图 A-27　以主机 IP 地址命名的目录

③ 采用 Tcpdump 二进制格式将捕获的首部信息和应用数据记录到指定的 Snort\log 目录，在 log 目录下将自动生成 snort.log 日志文件，可以使用 Ethereal 或 Tcpdump 协议分析软件打开

snort.log 文件，也可以通过-r snort.log 选项用 Snort 输出到屏幕上。E:\>program\snort\bin\snort -b -l \snort\log -i 2，如图 A-28 所示。

图 A-28　snort\log 目录

（4）网络入侵检测

① 实验合作伙伴相互 ping 对方的主机，利用 Snort 检测对本机的 ping 探测，在 snort\log 目录下将生成报警文件 alert.ids：E:\>program\snort\bin\snort -d -c \snort\etc\snort.conf -l \snort\log -i 2，执行此命令后没有得到预想的结果，在 alert.ids 中没有任何内容。

② 实验合作伙伴利用 "nmap -sT 目标主机 IP 地址或名称" 命令扫描对方主机，以文本格式记录日志的同时，将报警信息发送到控制台屏幕（console）：C:\>snort\bin\snort-c\snort\etc\snort.conf -l \snort\log -A console -i 2，没有检测到其他人 ping 我的主机，因为在后面显示中提示分析 0，out of 0 个包，如图 A-29 所示。

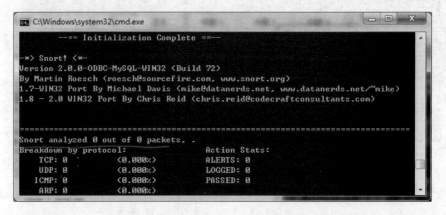

图 A-29　检测到其他人 ping 自己的主机的情况

参考文献

[1] 解运洲. 物联网系统架构[M]. 北京：科学出版社，2019.

[2] 王浩，郑武，谢昊飞，等. 物联网安全技术[M]. 北京：人民邮电出版社，2016.

[3] 胡向东. 物联网安全理论与技术[M]. 北京：机械工业出版社，2017.

[4] 罗素，杜伦. 物联网安全[M]. 戴超，冷门，张兴超，等译. 北京：机械工业出版社，2020.